经典卤味的164种做法

杨桃美食编辑部 主编

江苏凤凰科学技术出版社

图书在版编目（CIP）数据

经典卤味的164种做法 / 杨桃美食编辑部主编 .—
南京：江苏凤凰科学技术出版社，2015.7（2019.11 重印）
（食在好吃系列）
ISBN 978-7-5537-4245-8

Ⅰ .①经… Ⅱ .①杨… Ⅲ .①卤制 – 菜谱 Ⅳ .
① TS972.121

中国版本图书馆 CIP 数据核字 (2015) 第 049092 号

经典卤味的164种做法

主　　编	杨桃美食编辑部
责任编辑	葛　昀
责任监制	方　晨
出版发行	江苏凤凰科学技术出版社
出版社地址	南京市湖南路 1 号 A 楼，邮编：210009
出版社网址	http://www.pspress.cn
印　　刷	天津旭丰源印刷有限公司
开　　本	718mm × 1000mm　1/16
印　　张	10
插　　页	4
版　　次	2015年7月第1版
印　　次	2019年11月第2次印刷
标准书号	ISBN 978-7-5537-4245-8
定　　价	29.80元

图书如有印装质量问题，可随时向我社出版科调换。

序言

烹饪是一门膳食艺术，它将普通食材转变为餐桌上的美味佳肴。日常生活中较常用的烹饪方式有炖、焖、蒸、煮、炒、煎、烤、炸等。炖出来的食物烂熟入味、滋味鲜浓；焖出来的食物酥烂汁浓、口感柔软；蒸出来的食物营养流失少，质地细嫩、口感软滑；煮出来的食物带有较多汤汁，属于半汤菜，口味鲜香、滋味浓厚；炒出来的食物味道鲜美，是下酒、下饭的好帮手；而煎炸出来的食物酥脆爽口、味道浓厚。

集合多种烹饪方式于一体的卤制菜肴，口感丰富、风味独特，是经久不衰的家常美食。卤制菜肴，也就是人们常说的卤味，是将食材放进配好的卤汁中煮制而成的，一般可分为红卤、白卤两大类。红卤，是指在制作卤汤的时候加入一些炒过的糖（炒好后的糖呈红色）和较多的酱油，因而卤制出来的食物也是红色的，受众多人喜爱的四川卤菜多以红卤为主；相应地，不加酱油与糖，仅以水及一些调味料或中药调制而成，卤出来的食物几乎是白色的，那就是白卤了。

用正确的卤料配方熬制而成的卤汁，是卤菜美味的关键。卤料大多具备浓烈的芳香味，不仅能去除食材的膻腥味，还可提味增香。常见的卤料有八角、桂皮、花椒、甘松、小茴香、白寇、肉寇、砂仁、香叶、公丁香、母丁香、沙姜、南姜、香茅草、甘草、草果等。根据科学卤料配方，以及个人口感需求，熬制不同香型的卤汁，为制作纯正、浓郁的家常卤味的关键。

卤汁并非只有利用中药材才可以制作的，有许多食材也是制作卤汁的不错配方，例如茶叶、可乐、红酒等，将这些具有特殊香味的食材融合在卤汁中，不但能带来出其不意的风味，更能丰富卤味饮食文化。您也可以在经典卤料配方中发挥自己的创意，卤制出独一无二的珍馔美味。

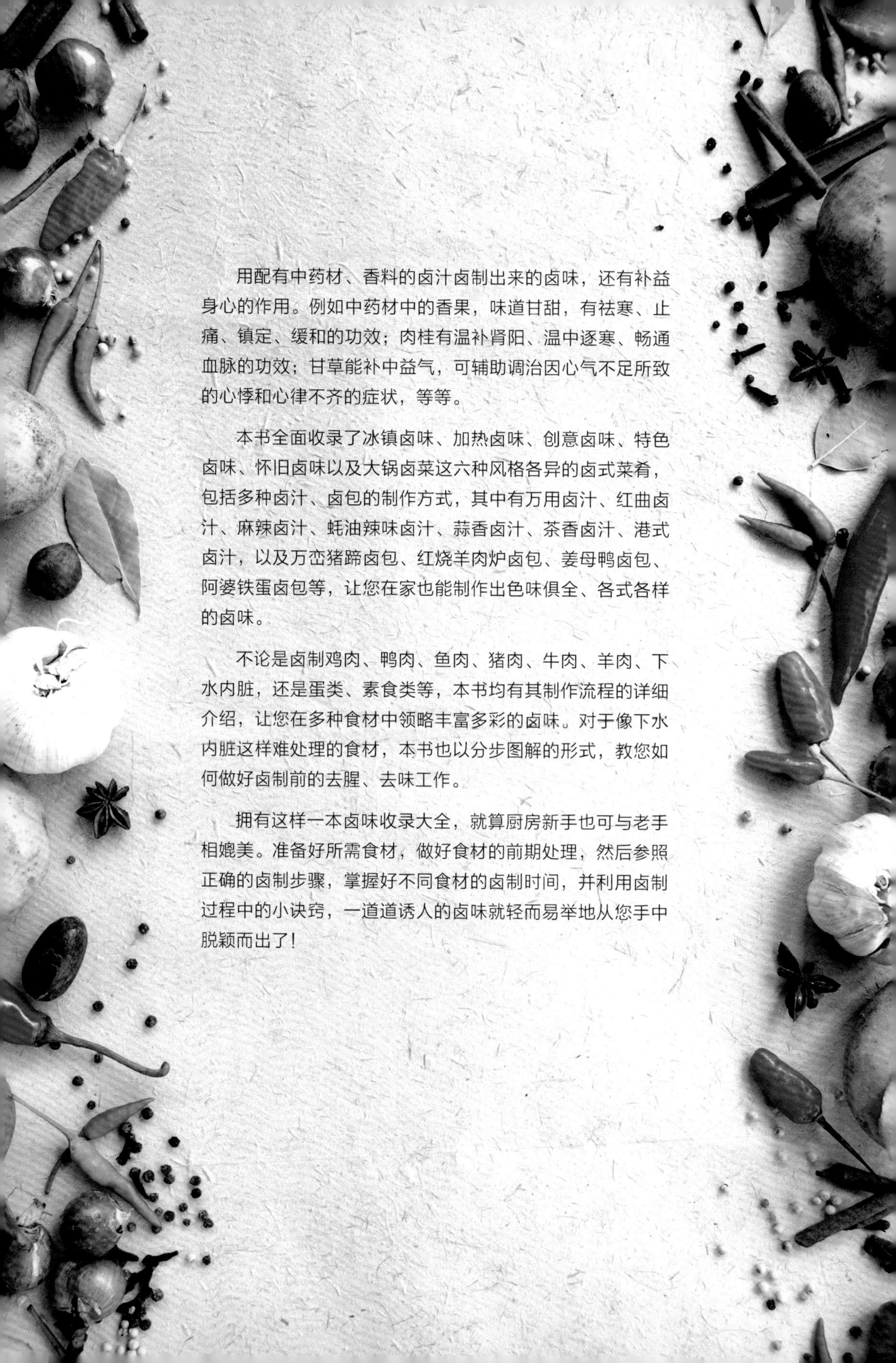

用配有中药材、香料的卤汁卤制出来的卤味，还有补益身心的作用。例如中药材中的香果，味道甘甜，有祛寒、止痛、镇定、缓和的功效；肉桂有温补肾阳、温中逐寒、畅通血脉的功效；甘草能补中益气，可辅助调治因心气不足所致的心悸和心律不齐的症状，等等。

本书全面收录了冰镇卤味、加热卤味、创意卤味、特色卤味、怀旧卤味以及大锅卤菜这六种风格各异的卤式菜肴，包括多种卤汁、卤包的制作方式，其中有万用卤汁、红曲卤汁、麻辣卤汁、蚝油辣味卤汁、蒜香卤汁、茶香卤汁、港式卤汁，以及万峦猪蹄卤包、红烧羊肉炉卤包、姜母鸭卤包、阿婆铁蛋卤包等，让您在家也能制作出色味俱全、各式各样的卤味。

不论是卤制鸡肉、鸭肉、鱼肉、猪肉、牛肉、羊肉、下水内脏，还是蛋类、素食类等，本书均有其制作流程的详细介绍，让您在多种食材中领略丰富多彩的卤味。对于像下水内脏这样难处理的食材，本书也以分步图解的形式，教您如何做好卤制前的去腥、去味工作。

拥有这样一本卤味收录大全，就算厨房新手也可与老手相媲美。准备好所需食材，做好食材的前期处理，然后参照正确的卤制步骤，掌握好不同食材的卤制时间，并利用卤制过程中的小诀窍，一道道诱人的卤味就轻而易举地从您手中脱颖而出了！

Contents | 目录

PART 2
加热卤味暖人心

PART 3
创意卤味新风味

PART 4
特色卤味吃不腻

PART 5
怀旧卤味色味全

PART 6
大锅卤菜最美味

固体类 / 油脂类

1茶匙 = 5克
1大匙 = 15克
1小匙 = 5克

液体类

1茶匙 = 5毫升
1大匙 = 15毫升
1小匙 = 5毫升
1杯 = 240毫升

好吃的东西未必只有大厨才能做的出来，就算是一般家庭主妇、烹饪新手，只要按照配方、制作流程，依样画葫芦，一样可以做出令人垂涎三尺的好味道。

一锅具有特色的好吃卤味，口感要好，靠的是卤工，卤的时间、步骤对了，吃起来就很美味；味道要香，靠的是卤汁，有了好的卤汁配方，不论放进什么食材，都能卤出好风味。

本书收录了多种卤汁配方，利用它们什么都能卤，卤什么都好吃。不论是最基本的万用卤汁，还是富有创意的创意卤汁，都能让您随时做出芳香四溢、热气腾腾的卤味，或是筋道清爽的冰镇卤味。

卤味可以分为哪几种

红卤

卤汁主要用料包括酱油、米酒、水、盐、葱、姜、糖(或冰糖)、大茴香(八角)、桂皮、花椒、丁香、草果等。因卤汁加了红曲或酱色之故，味道甘鲜香醇，卤制出的菜肴颜色亦呈现红色，才被称为红卤。有时候为了让食物更加美观，会在卤水中添加食用色素，例如红卤墨鱼。

白卤

卤汁用料不加酱油和糖，仅用水、一些调料和中药调制卤汁。有些食材因本身色泽的关系，并不需要再靠卤制过程来增加色泽，例如猪肚。所以，白卤就是要呈现材料原本的色泽，但有时为避免颜色太白，也会加入少许酱油调色。

香辣卤

在基础卤汁中添加辣椒粉，让整锅的卤汁有辣味即成香辣卤，但它与一般麻辣锅的辛辣口味是不一样的。也可以用任意一种卤包加上辣椒粉来制作独特的香辣卤汁。辣椒粉的比例可依自己的喜好增减。

冰镇卤

冰镇卤味和加热卤味所选择的材料大多相似，不外乎爪、翅、内脏、豆制品等，而最大的不同在于冰镇过后特殊的口感和香味。冰镇卤味的口感筋道、脆中带韧，香味更是不用说。在冷藏之后，口感肥而不腻。

创意卤

香草是西方人日常生活中常用的调味品，就相当于我们常用的葱、姜、蒜之类，可用来制作创意卤。在做西式菜品时，西红柿、海带也常被用作卤味中的调味品，风味独特。

酒香卤

酒香卤的味道有别于一般卤味，最主要的不同在于其所使用的调味酒，例如茉莉花酒、桂花酒、红酒等，都可以用来做酒香卤。添加不同的酒，风味和口感也会不同。

卤汁的必用调料

调制卤汁是一门高深的学问，但是它所使用的材料都是一些基本材料。现在就让我们来看看这简单的调料，有着哪些不简单的作用。

酱油

酱油能让食材上色入味。卤味要好吃，卤汁中的酱油是关键因素之一。选用酱油的时候，不要挑酱色过深的，否则卤出来的成品颜色不佳；咸淡因品牌不同亦会有差异，可再用糖、盐等调整咸淡。

糖

糖可以调整卤汁风味，不论是选用白糖还是冰糖，都是合适的。白糖较香，且含有矿物质；冰糖质纯，能让卤味有光泽。但不建议使用风味突出的红糖。

料酒

一些用来卤制的食材，例如动物内脏、鸡爪、猪肘子等，去腥格外重要，加入料酒去腥效果尤佳。

盐

盐可以调整卤汁风味，也有中和卤汁口味的作用。

卤包中常用的药材

香果

香果味辛、性温，有祛寒、止痛、镇定、缓和的功效，是烧鱼或烹调海鲜的常用调料。颗粒均匀饱满，闻起来味道香甜。

红枣

红枣又称大枣，被称为“长在树上的粮食”，是很常见的药材，现代人有的将其当作食材直接食用。其味甘、性温，有补脾和胃、益气生津、养血安神的功效，但多食容易胀气。

草果

草果味道略带辛辣，用在烹饪中可减少肉腥味，是制作烧鸡、卤鸡的主要调料。

甘草

甘草别名甜草，味甘、性平，能补中益气，可用于辅助治疗脾胃气虚、倦怠乏力等疾病。

八角

正如其名，八角是有八个角的星状果实，香气浓烈，有甘草香味及微微甘甜味，如果其形状完整，密封可保存约两年。在烹调中主要取其香味，用来提味、去腥，卤肉或红烧烹调中缺之不可，它也是五香粉的主要原料之一。

花椒

花椒味辛、性热，以大红颜色最好。有温中散寒、止泻温脾、暖胃消胀的作用。用在菜肴中可增香，且有防止肉质滋生病菌的效果。

香叶（月桂叶）

香叶以叶片厚实、颜色浅绿、香气浓郁者为佳，具有暖胃消滞、润喉止渴的作用，在烹调中可增加肉质的鲜香度。

桂枝

味辛、性温，以干燥且气味浓郁者为佳，还有着类似肉桂的香气。常被用在海鲜或腥味较重的羊肉烹饪中，帮助去除腥味。

肉桂

肉桂味辛、甘，性热，具有温补肾阳、温中逐寒、畅通血脉的功效。但是，阴虚火旺的人或孕妇，应禁止食用。肉桂是肉桂树的树皮，经由卷成条状干燥后制成，外形有粉状、片状两种。

沙姜

沙姜可减少肉的膻腥味，有温中散寒、理气止痛的效用，亦可促进肠胃蠕动。

罗汉果

罗汉果具有清肺解渴的功效，味道甘甜，性凉。购买时挑选外形又大又圆、颜色黄褐色、外观完整、不碎裂者为好。

豆蔻和白豆蔻

豆蔻属姜科植物，可以做调料或是在制作卤味时去腥增香。豆蔻一般在超市较容易买到，而白豆蔻则要到药店询问，才能购买得到。挑选时以个大饱满、皮较薄且完整、香气浓厚者为佳。

陈皮

陈皮是用橘子皮晒干后制成，挑选时宜选皮薄、大片、颜色偏红，且香气浓郁者。可以用于消除动物内脏等食材的腥味。

小茴香

小茴香又叫茴香、野茴香。其味辛、性温，有行气止痛、健胃、散寒的作用。成熟的果实犹如小稻谷粒，有特殊芳香味，常作香料使用。经常用于红烧菜肴、卤水、麻辣火锅中。

在家自制专用卤包

使用棉布袋

1 将准备好的药材装进棉布袋中。

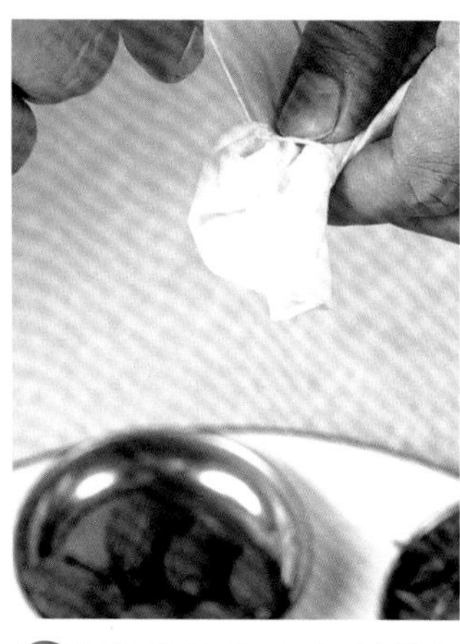

2 装好药材后，再用棉线绕圈绑紧，这样卤包就算制作完成了。

3 将绑好之后的卤包和所需烹调的食材，一同放进汤锅中卤制，卤制完成后，连同药材一起丢弃即可；未使用的卤包则可放入保鲜盒中密封保存，下次要卤制的时候取出使用即可。

使用泡茶器

1 将准备好的卤包药材装进泡茶器中。

2 装好卤包药材后，将泡茶器盖紧，这样卤包就制作完成了。

3 将盖紧之后的泡茶器卤包直接和所需要烹调的食材，一同放入汤锅中卤制，卤制完成后，记得将泡茶器清洗干净沥干即可。

食材前期处理很重要

由于卤味中有许多动物内脏类食材，腥味较浓，所以内脏的前期处理很重要，否则会破坏一整锅卤味。

猪肚

材料

猪肚1个，白醋适量，盐适量，八角5克

- 猪肚是猪的胃部，而不是猪的肚腩。它是宴客的传统食材。因猪肚内部有黏液及杂质，在制作前一定要先用大量的盐搓洗，再内外翻过来以白醋搓洗，才不会有异味。卤制之前，可以先在猪肚上划一刀，可避免卤制过程中猪肚内部空气鼓胀，使其浮在卤汁上而造成味道不均匀。
- 要看猪肚是否煮熟，可以用筷子戳几下，如果不能将猪肚轻易戳破，就表示猪肚还没完全熟透；可以戳破，就表示已经熟了。

1 将猪肚上多余的脂肪及黏膜剪掉。

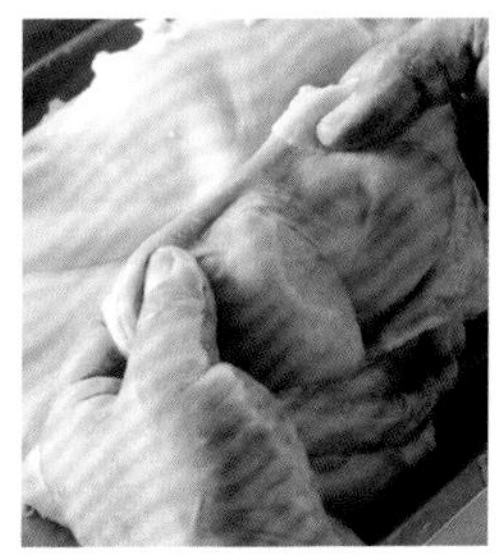

2 将整个猪肚由内往外翻面。

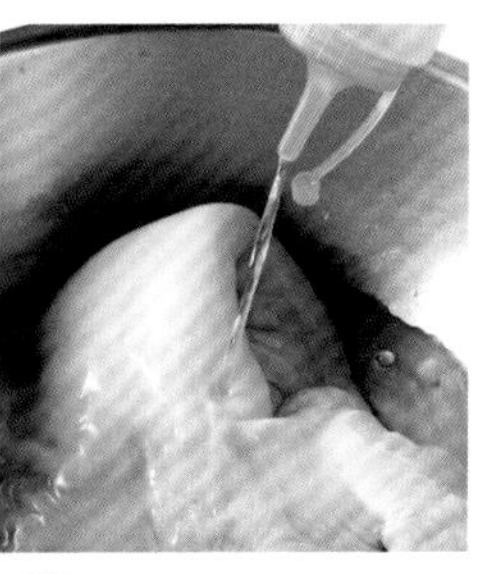

3 将猪肚放于容器中，加入适量的白醋。

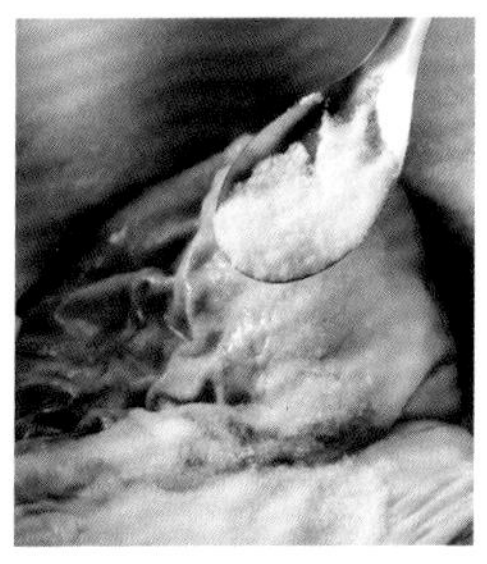

4 加入适量的盐。

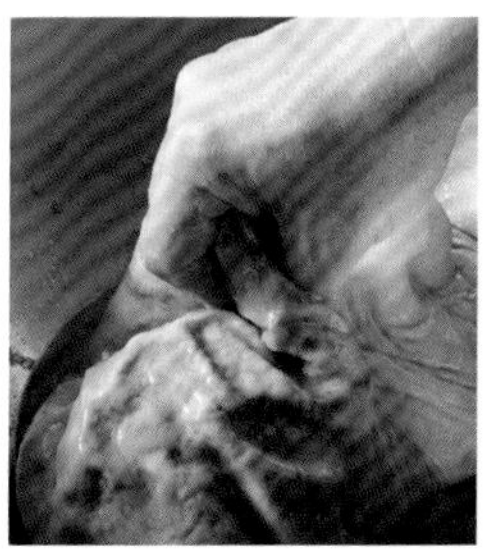

5 把猪肚上的黏膜和污秽物搓洗掉。

6 烧一锅水，待水烧开后，加入八角和猪肚汆烫约5分钟，切记不要烫太熟，否则很难刮除猪肚上的黏膜。

7 将猪肚上的黏膜刮除掉。

8 再将猪肚放入沸水中煮约40分钟，至全熟即可捞出沥干。

大肠头

材料

大肠头1条，盐适量，白醋适量，筷子1支

做法

❶ 剪掉大肠头上多余的脂肪。

❷ 用筷子将大肠头由内往外翻面。

❸ 将大肠头置于盘中，加入适量的盐。

❹ 加入适量的白醋。

❺ 搓洗掉大肠头表面的黏液及污秽物。

❻ 烧一锅水，将大肠头放入煮约1小时至熟后，捞出沥干即可。

1

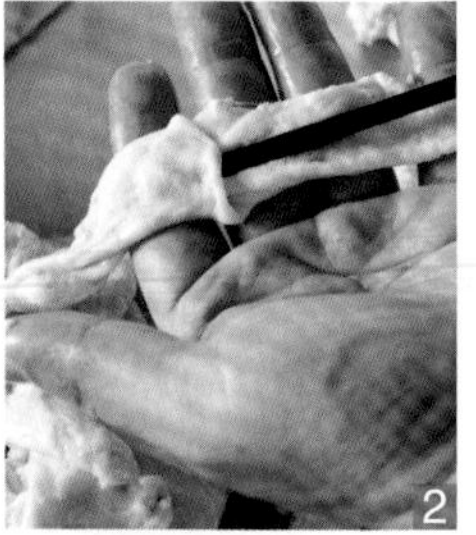

2

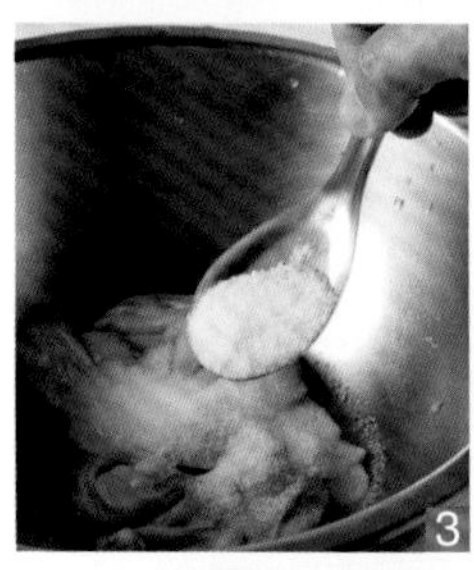

3

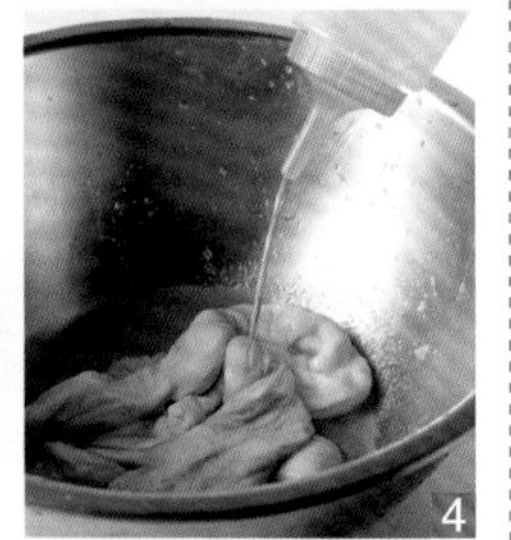

4

5

6

生肠

材料

生肠1条

做法

❶ 剪掉生肠上多余的脂肪。

❷ 放入沸水中汆烫约30分钟，捞出沥干即可。

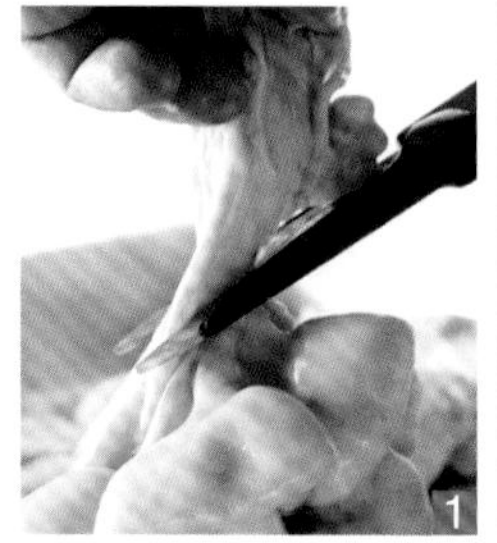

1

2

牛肚

材料

牛肚1个，葱段20克，姜50克，八角5克，花椒5克，桂皮8克，丁香5克，香叶5克

做法

❶ 烧一锅水，烧开后将牛肚汆烫去除油水，捞起备用。

❷ 另烧一锅热水，放入牛肚、葱段、姜及花椒、八角、桂皮、丁香、香叶，煮约1小时至全熟，捞出牛肚沥干即可。

1

2

肥肠

材料

肥肠500克，盐适量，白醋适量

做法

❶ 把肥肠放置于容器中，加入适量的盐。

❷ 加入适量的白醋。

❸ 搓洗掉肥肠表面的黏膜及污秽物。

❹ 烧一锅水，将肥肠放入锅中，汆烫1小时煮熟后，捞出沥干即可。

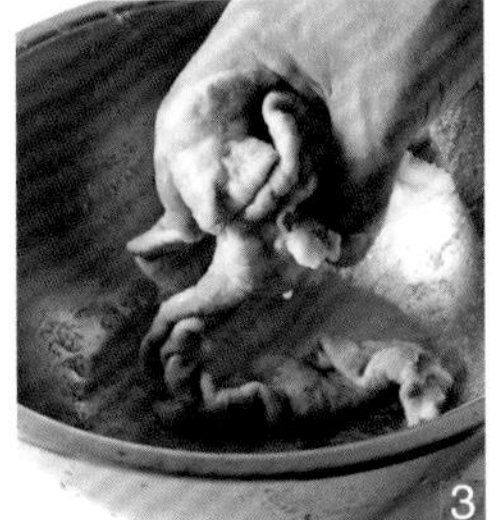

牛腱

材料

牛腱500克，葱段20克，姜50克，八角5克，花椒5克，桂皮8克，草果1颗

做法

❶ 烧一锅水，待水沸腾后将牛腱汆烫去除油水。

❷ 另烧一锅热水，放入所有材料，煮约1小时至全熟，捞出沥干即可。

牛筋

材料

牛筋600克，葱段20克，姜50克，八角5克，花椒5克，桂皮8克，草果1颗

做法

❶ 烧一锅水，待水沸腾后将牛筋汆烫去除油水。

❷ 另烧一锅热水，放入所有材料，煮约1.5小时至熟，捞出沥干即可。

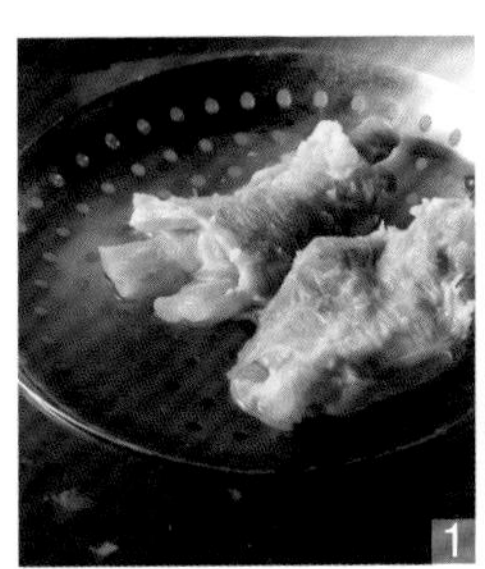

猪皮

材料

猪皮1块，钢刷1个，托盘1个

做法

1. 在煤气灶上放置铁网，用夹子夹住猪皮，再用火烧掉猪皮上的细毛。
2. 将猪皮放在托盘上，用钢刷刷掉表皮上的细毛。
3. 将猪皮放入热水中汆烫15分钟，捞出沥干。

备注 若家中有燃气喷枪，也可使用燃气喷枪烧掉猪皮上的细毛。

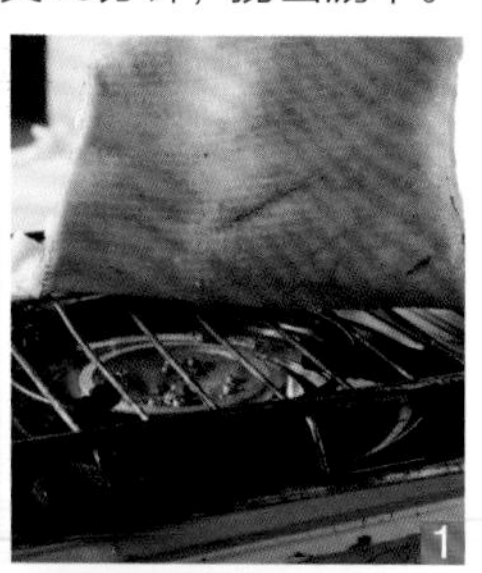

1

2

3

鸡心

材料

鸡心150克

做法

1. 将鸡心上的油脂和筋切除。
2. 烧一锅水，待水沸腾后，将鸡心放入，汆烫约5分钟，捞出沥干即可。

1

2

鸡胗

材料

鸡胗150克

做法

烧一锅水，待水沸腾后，将鸡胗放入，汆烫约5分钟，捞出沥干即可。

猪舌

材料

猪舌1块

做法

1. 烧一锅水，待水沸腾后，将猪舌汆烫约5分钟后捞出。
2. 刮除猪舌表皮上的白膜。
3. 将猪舌放入沸水中煮约30分钟至熟，捞出沥干即可。

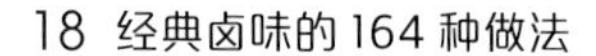

卤味鲜美的秘诀

要卤出一锅美味的卤味，可不是把东西全放进去卤就行的。在卤制之前，食材要做一些简单的处理，才可使其有最佳的口感与味道。

秘诀一

素食油炸增口感

以黄豆或面粉做成的素食，例如烤麸、面筋、素猪肚等，大部分吃起来软糯筋道，如果想要口感更好，可以先把素食下锅油炸，让其表皮酥脆后再下锅卤，这样吃起来口感会更有层次。

秘诀二

用葱、姜去腥，肉品更加分

除了以购买新鲜肉品为原则外，还可以利用葱和姜来给肉品加强去腥。只要烧一锅水，放入葱和姜，再放入肉类汆烫至熟，就可以把肉腥味简单地去除了。

秘诀三

海鲜汆烫去腥味

海鲜属于腥味较重的食材，如果直接放到卤汁中，容易让整锅卤汁风味受影响。先把海鲜洗净，再放入开水中汆烫至八分熟，然后泡入冷水中让海鲜快速收缩，再下锅卤即可。

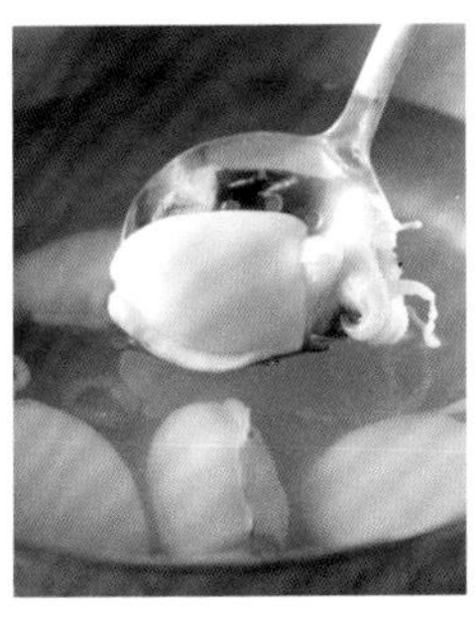

秘诀四

蔬菜削皮、切块

蔬菜是卤味的好配角，除了叶菜类、蘑菇类等可以直接洗净就下锅卤外，耐久煮的根茎类蔬菜则需削去表皮，这样才能增进口感、去掉不易吸收卤汁的粗纤维，还能让蔬菜更入味。将蔬菜切成适当大小的块状，可以减少卤制的时间。

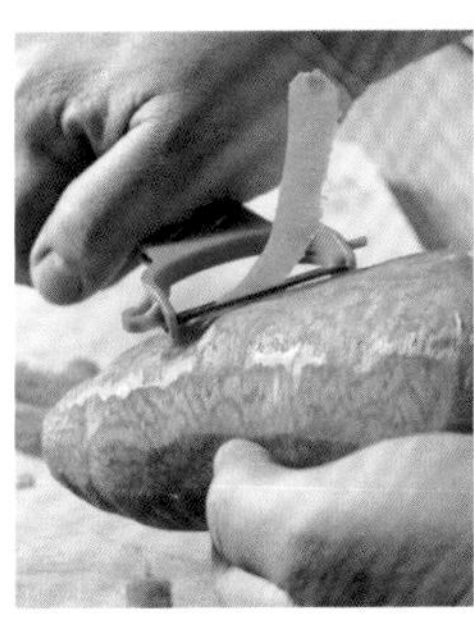

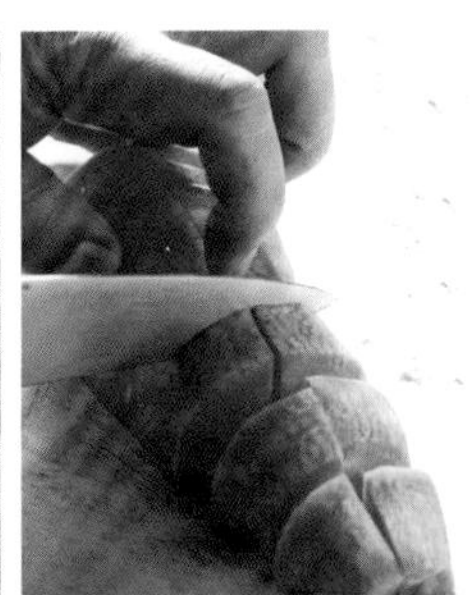

卤出一锅好味道Q&A

卤汁做法看似简单，但其中有许多小细节要注意。

Q1 好的卤汁该具备什么条件呢？

A：美味的卤汁应该是所有香料的风味完全融合在一起，不会有任何一种味道特别突出。例如，不该全都是八角味或者花椒味等，除非要做的是特殊风味的卤汁，否则卤汁的风味应该是平衡的，让人无法一语道破其中用了哪些药材或香料。

Q2 所有食材都能卤吗？

A：基本上大部分食材都可以卤，只要掌握卤的时间即可。但不要在同一锅中卤制味道差异太大或是味道特别重的食材，例如：不要把牛、羊、猪、鸡混在同一锅卤，最好把卤汁分小锅后分别卤，否则风味太混杂。

Q3 药材需要处理吗？

A：药材在使用前可以先稍微用冷水冲洗，洗去杂质后沥干水再使用。有些特别的中药需要剖开，或敲开才能发挥其功用，例如草果要敲开、罗汉果要去壳后捣碎等。

Q4 卤包应该继续放着卤吗？

A：卤包在卤汁煮好的时候就可以拿出来了，继续炖煮会让药材煮出苦味。将药材放进棉袋的时候，要留下空间，如果包得太紧，药材的味道会无法均匀地散开。

PART 1

冰镇卤味好味道

口感极佳、入口即化的鸡爪冻令人爱不释手。您可知道这小有名气的人间美味，出自于清朝宫廷里的御膳房？其实，许多配饭、下酒、当零食均适合的冰镇卤味，都可以在家轻松制作出来。不妨现在就卤上一锅，放进冰箱里慢慢品尝吧！

冰镇卤味Q&A

冰镇卤味除了卤汁味道要好外，卤制工序也很重要。只要食材处理、烹调时间、烹调步骤对了，再搭配专属卤汁，就可成就一锅风味绝佳、口感极好的卤味。

Q1 要选择胶质多的材料吗？

A：鸡爪冻在冷藏后依旧筋道软嫩的原因，是因其含有丰富的胶质，胶质会在卤的过程中逐渐软化，释放到卤汁中，让卤汁变得香浓。想要在经冷藏后出现“冻”的口感，越是胶质含量高的食材，例如爪、翅膀、筋、皮等部位，越是很好的选择。若食材本身胶质含量不足，可在卤汁中加一些鸡皮或猪皮，或是搭配具有胶质的材料一起卤，例如鸭舌、鸭翅等，卤出来的味道会更美味。

Q2 什么是滚卤与浸卤？

A：材料卤得不够久，就无法完全入味；然而长时间的滚卤，又让口感变得过软。想要兼顾味道与口感，就不要等材料卤到入味才熄火，大约在锅中卤一半的时间，然后熄火，以加盖浸泡的方式让材料入味，如此一来，材料就不会因煮太久而变软，同时也能充分入味。不同的材料需要不同的滚卤和浸卤时间，下锅前应确认好最佳时间比。当然，浸卤的时间也不能过长，否则味道会过咸。

Q3 怎样做才会带有冻汁？

A：如果要做出带有冻汁的冰镇卤味，千万不要偷懒，直接泡在卤汁里冷藏，否则除了味道会越来越咸之外，冻汁也会在取用的时候整块掉落，而不是均匀地附着在材料上。正确的做法应该是将卤好的材料一边淋上卤汁、一边以电风扇吹凉，含有胶质的卤汁在降温之后就会开始凝固。以这种一边降温一边均匀淋上卤汁的方式，才能让凝固的冻汁均匀附着在材料的表面，吃起来才会有入口即化的口感。

Q4 在材料表面刷一层香油的作用是什么？

A：很多人以为刷香油只是为了吃起来更加香，其实不然，除了要增加香味之外，在材料表面均匀地刷上一层香油，还可以防止材料在冷藏的过程中流失水分。所以，千万不要因为怕油腻就不刷，否则在冷藏之后，食材就会变得干硬，破坏了该有的好味道与好口感。

冰镇卤汁

卤包材料

草果2颗，豆蔻2颗，沙姜10克，小茴香3克，花椒4克，甘草5克，八角5克，丁香2克

卤汁调料

葱20克，姜50克，大蒜40克，水3000毫升，酱油800毫升，白糖200克，米酒50毫升，色拉油3大匙

做法

1. 葱洗净，切段后以刀拍扁；姜洗净、去皮，切片后拍扁；大蒜洗净，去皮后拍扁，备用。热锅，倒入约3大匙色拉油烧热，放入葱段、姜片、大蒜，用小火爆香。
2. 向锅中倒入3000毫升水，转大火继续炖煮。
3. 将其他卤汁调料（酱油除外）与卤包一同放入锅中（卤包，即将草果及豆蔻拍碎后，与其他卤包材料一起放入棉布袋中包好而制成的）。
4. 倒入酱油，以大火烧开，改小火保持沸腾状态约10分钟，至香味散发出来即可。

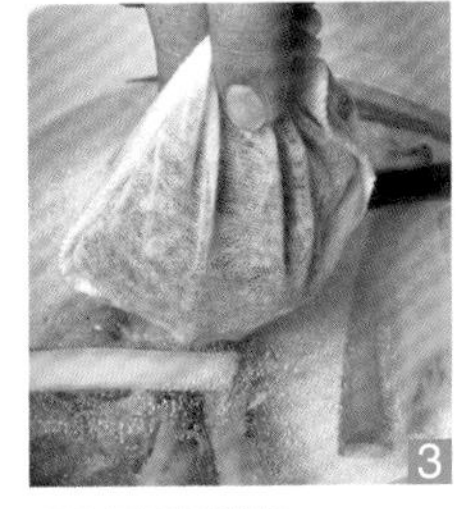

美味秘诀

要使卤味口感好，靠的是卤工、卤的时间、步骤。而香味要好，靠的就是卤汁，有了一锅具有特色且专属冰镇卤味的好卤汁，不论放进什么材料，都能卤出绝佳风味。

鸡爪冻

材料

鸡爪　　600克

调料

冰镇卤汁　2000毫升
香油　　　2大匙

美味秘诀

鸡爪上的指甲需要先剪掉或剁掉，否则其藏有的脏污与异味，会破坏鸡爪冻的好味道。就算烹调前彻底清洗干净，指甲也并非适合食用之物，留着不但吃着麻烦，看起来也不赏心悦目。

做法

1. 鸡爪洗净，剁去指甲部分。
2. 取一深锅，倒入约1/2锅的水量烧开，将处理好的鸡爪放入，汆烫约1分钟，去除血水即捞起。
3. 将汆烫过后的鸡爪放入冷水中泡凉，再捞起沥干水。
4. 另取一深锅，倒入冰镇卤汁，以大火烧开。
5. 放入鸡爪，以小火保持沸腾状态约5分钟，熄火。
6. 加盖浸泡约10分钟至入味。
7. 将卤好的鸡爪捞出，放在平底深盘中，均匀刷上薄薄一层香油。
8. 待凉后，放入保鲜盒中，并盖好盖子，最后放入冰箱冷藏至冰凉即可。

冻汁鸡爪

材料

鸡爪600克

调料

香油1大匙，冰镇卤汁2000毫升

做法

1. 鸡爪洗净，剁去指甲并取出胫骨，放入沸水中汆烫约1分钟，捞出冲凉，沥干水。
2. 冰镇卤汁倒入锅中，以大火烧开，放入鸡爪，以小火保持沸腾状态约8分钟；熄火，加盖浸泡约10分钟，捞出，放入干净的大盆中（卤汁保留）。
3. 取约200毫升卤汁与香油拌匀后，淋在卤好的鸡爪上，一边搅拌一边以电扇快速吹凉冷却，当鸡爪表面慢慢冷却成冻后，将其全部放入保鲜盒中，再放入冰箱冷藏至冰凉即可。

卤鸭心

材料

鸭心约500克

调料

香油1大匙，冰镇卤汁2000毫升

做法

1. 鸭心洗净，放入沸水中汆烫约1分钟，捞出冲凉后沥干。
2. 冰镇卤汁倒入锅中，以大火烧开；放入鸭心，以小火保持沸腾状态约5分钟；熄火，加盖浸泡约15分钟至入味，捞出，均匀刷上香油；放凉后放入保鲜盒中盖好，再放入冰箱冷藏至冰凉即可。

去骨鸡爪冻

材料

鸡爪　　600克

调料

香油　　2大匙
冰镇卤汁　2000毫升

做法

1. 鸡爪洗净，先剁去指甲，再以刀尖划开胫骨外皮后取出胫骨；放入沸水中汆烫约1分钟，捞出冲凉沥干。
2. 取一深锅，将冰镇卤汁倒入锅中，以大火烧开；放入鸡爪，以小火保持沸腾状态约5分钟；熄火，加盖浸泡约10分钟至上色入味，捞出，均匀刷上香油；放凉后放入保鲜盒中，再放入冰箱冷藏至冰凉即可。

美味秘诀

简单去鸡骨

大部分人会比较喜欢去骨的鸡爪，这样吃起来方便。鸡爪去骨方法很简单，先以刀子划开，直到看见完整的骨头后，从关节处将骨头敲断，并将周围与骨头相连着的筋贴着骨头划开，最后将骨头拉出即可。

卤脆肠

材料

脆肠　　500克

调料

香油　　1大匙

白醋　　1杯

冰镇卤汁　　2000毫升

做法

1. 脆肠放入盆中，以白醋搓洗至无黏滑感时，再以流动的清水冲洗干净。
2. 将洗净的脆肠放入沸水中汆烫约1分钟，捞出，再次冲凉后沥干。
3. 取一深锅，倒入冰镇卤汁，以大火烧开，再放入脆肠，以小火保持沸腾状态约5分钟；熄火，加盖浸泡约15分钟。
4. 捞出，均匀拌上香油，放凉后放入保鲜盒中盖好，放入冰箱冷藏至冰凉即可。

鸭掌冻

材料

鸭掌10只（约300克）

调料

香油1大匙，冰镇卤汁2000毫升

做法

1. 鸭掌洗净，放入沸水中汆烫约1分钟捞出，冲凉沥干，剪去指甲，并刮除掌心的黄色粗膜。
2. 冰镇卤汁倒入锅中，以大火煮沸；放入鸭掌，以小火保持沸腾状态约30分钟；熄火，加盖浸泡约20分钟；捞出，均匀刷上香油，放凉后放入保鲜盒中盖好，再放入冰箱冷藏至冰凉即可。

脆卤猪耳

材料

猪耳朵2只（约800克），葱花少许

调料

香油1大匙，冰镇卤汁4000毫升

做法

1. 将猪耳朵冲洗干净，放入沸水中汆烫约10分钟，捞出，再次冲洗干净。
2. 取一深锅，倒入冰镇卤汁，以中大火烧开，再放入猪耳朵，以小火保持沸腾状态约1小时；熄火，加盖浸泡约30分钟。
3. 捞出，均匀刷上香油，放凉后放入保鲜盒中盖好，再放入冰箱冷藏至冰凉，食用前切丝，撒上葱花即可。

卤牛肚

材料

牛肚	1个（约600克）
葱	20克
姜	20克
水	4000毫升

调料

冰镇卤汁	4000毫升
米酒	100毫升
香油	1大匙
花椒	5克
八角	5克

做法

1. 牛肚以流动的清水冲洗干净；葱洗净、切段；姜洗净、去皮、切片，备用。
2. 取一深锅，加入水、葱段、姜片、花椒、八角和米酒，以大火烧开，放入牛肚，以小火煮约1小时，捞出牛肚，再次冲洗干净。
3. 冰镇卤汁倒入另一锅中，以大火烧开时，放入牛肚，以小火保持沸腾状态约30分钟；熄火，加盖浸泡约30分钟。
4. 捞出牛肚，均匀刷上薄薄一层香油，放凉后放入保鲜盒中盖好，再放入冰箱冷藏至冰凉，食用前切片即可。

卤猪蹄筋

材料

猪蹄筋　600克
葱段　20克
姜片　20克
香菜叶　少许
水　4000毫升

调料

花椒　5克
八角　5克
米酒　100毫升
香油　1大匙
冰镇卤汁　4000毫升

做法

1. 猪蹄筋洗净，放入沸水中汆烫约1分钟捞出，再次冲凉沥干，备用。
2. 取一深锅，放入水、葱段、姜片、花椒、八角及米酒，以大火烧开，再放入猪蹄筋，以小火继续炖煮约30分钟，捞出沥干。
3. 另取一深锅，倒入冰镇卤汁，以大火烧开，放入猪蹄筋，以小火保持沸腾状态约30分钟；熄火，加盖浸泡约20分钟。
4. 捞出猪蹄筋，均匀刷上香油，待凉后放入保鲜盒中盖好，再放入冰箱冷藏至冰凉，食用前撒上香菜叶即可。

卤鸡胗

材料

鸡胗　30个（约500克）
葱花　少许

调料

香油　1大匙
潮式卤汁　2000毫升

做法

1. 鸡胗以刀划开后剥开，撕除中心黄色部分，再洗净，放入沸水中汆烫约1分钟，捞出再次冲凉后沥干。
2. 潮式卤汁倒入锅中，以大火煮沸，放入鸡胗，以小火保持沸腾状态约20分钟，熄火，加盖浸泡约20分钟。捞出，均匀刷上香油，放凉后放入保鲜盒中盖好，再放入冰箱冷藏至冰凉，食用前撒上葱花即可。

潮式卤汁

卤包材料

草果2颗，八角10克，桂皮8克，沙姜15克，陈皮8克，丁香、花椒各5克，小茴香、香叶各3克，罗汉果1/4颗，香菜茎20克

卤汁材料

葱30克，大蒜、姜、香菜茎各20克，盐1大匙，白糖120克，水1600毫升，酱油400毫升，蚝油、米酒各100毫升

做法

1. 葱洗净，切段后拍扁；姜洗净、去皮，切片后拍扁；大蒜洗净，去皮后拍扁。
2. 所有卤包材料放入棉布袋中包好，制成卤包。
3. 将所有卤汁材料与卤包放入汤锅中，以大火煮沸，改小火保持沸腾状态约5分钟，至香味散发出来即可。

潮式卤鹅掌

材料

鹅掌　5只（约150克）

调料

潮式卤汁　1锅

美味秘诀

潮式卤汁最大的特色就是以小火卤制食材，时间较长，便于食材入味，口感软烂。潮式卤汁一般用来卤肥肠等韧性较强的食物，口味极佳。

做法

1. 将鹅掌的脚爪剁除。
2. 取一个汤锅，将水煮开后，放入鹅掌汆烫约1分钟即取出冲水，以降低温度。
3. 将冲凉后的鹅掌，用刀刮除其掌心的黄粗膜。
4. 另取一锅，放入潮式卤汁煮沸后，放入鹅掌；转小火，让卤汁保持在略为沸腾状态约8分钟后熄火，以浸泡方式让鹅掌入味，约30分钟后即可取出。

辣味鸡翅冻

材料

鸡翅　　10只（约600克）

调料

粗辣椒粉　2大匙
香油　　　1大匙
香辣卤汁　2000毫升

做法

1. 鸡翅洗净，放入沸水中汆烫约1分钟捞出，再次冲凉沥干。
2. 将香辣卤汁倒入锅中，以大火烧开时，加入粗辣椒粉拌匀，再放入鸡翅，以小火保持沸腾状态约10分钟；熄火，加盖浸泡约10分钟。
3. 捞出鸡翅，均匀刷上香油，放凉后放入保鲜盒中盖好，再放入冰箱冷藏至冰凉即可。

香辣卤汁

卤包材料

草果2颗，八角10克，桂皮8克，沙姜15克，罗汉果1/4颗，丁香、花椒各5克，小茴香、香叶各3克

卤汁材料

粗辣椒粉20克，水1600毫升，酱油600毫升，白糖120克，米酒100毫升

做法

1. 将所有卤包材料装入棉质卤包袋中，再用棉线绑紧，即为香辣卤汁卤包。
2. 取一个汤锅，将葱及姜拍松后放入锅中，加入水1600毫升，开中火烧开。
3. 将酱油及米酒放入锅中一起煮，煮沸后再加入白糖、粗辣椒粉及香辣卤汁卤包，转小火煮沸约5分钟，至香味散发出来即可。

猪肘子冻

材料

猪肘子　1个（约700克）

调料

猪蹄卤汁	4000毫升
蒜末	1小匙
白糖	1小匙
香油	1.5大匙
姜泥	1/2小匙
酱油	2大匙

做法

1. 将0.5大匙香油及猪蹄卤汁外的所有调料一起放入大碗中调匀，即为猪肘子蘸酱，备用。
2. 猪肘子洗净，放入沸水中汆烫约5分钟去血水后，捞出，再次冲凉后沥干。
3. 猪蹄卤汁倒入锅中，以大火煮沸，放入猪肘子，以小火保持沸腾状态约30分钟；熄火，加盖浸泡约1小时；捞出，均匀刷上香油。
4. 将猪肘子放凉后切片，放入保鲜盒中，并淋上少许猪蹄卤汁；盖好盖子，放入冰箱冷藏至冰凉，食用时搭配之前调匀的猪肘子蘸酱即可。

猪蹄卤汁

卤包材料

草果4颗，桂皮、甘草各15克，香叶6克，八角、花椒各10克，沙姜20克

卤汁材料

葱40克，姜100克，红辣椒7个，大蒜80克，水3200毫升，酱油600毫升，米酒400毫升，老抽25毫升，白糖200克，盐4大匙

做法

1. 葱、红辣椒均洗净，切段后拍扁；姜洗净并去皮，切片后拍扁；大蒜洗净，去皮拍扁，备用。
2. 将所有卤包材料放入棉布袋中包好，制成卤包备用。
3. 将葱段、红辣椒段、姜片、大蒜放入汤锅中，加水以大火煮沸，再加入酱油、米酒和老抽再次煮沸，最后加入白糖、盐与卤包，改小火保持沸腾状态约5分钟，至香味散发出来即可。

醉香猪蹄

材料

猪蹄　600克
葱　20克
姜　20克

调料

醉香卤汁　1500毫升

做法

1. 烧一锅开水，将葱、姜拍松后放入锅中，再放入猪蹄，以小火煮约2小时至熟透，取出泡冷水约1小时后，沥干水，备用。
2. 取冷却的醉香卤汁，倒在猪蹄上，再移至冰箱冷藏，浸泡约1天至入味即可。

美味秘诀

猪蹄冷却后再泡入卤汁，可以得到香嫩脆口的卤味口感，既有嚼劲又美味。

醉香卤汁

卤包材料

香叶4片，花椒3克，丁香3克，甘草5克，桂皮4克

卤汁材料

葱20克，姜30克，水1000毫升，盐15克，白糖80克，黄酒700毫升，当归5克，枸杞8克

做法

1. 卤包材料全部放入卤包棉袋中，绑紧，制成卤包备用。
2. 葱、姜以刀背拍松，一同放入汤锅中，倒入1000毫升水烧开。
3. 向锅中加入盐、白糖以及卤包，煮至再次沸腾后改小火煮约5分钟，至香味散发出来后，加入黄酒、当归以及枸杞煮20分钟即可。

卤五香豆干

材料

五香豆干　5块

调料

素香卤汁　2000毫升
香油　适量

做法

1. 五香豆干洗净、沥干水，备用。
2. 素香卤汁烧开时，放入五香豆干，改小火，让卤汁保持在略为沸腾的状态，卤约10分钟后熄火，浸泡约50分钟；取出沥干水，刷上香油即可。

素香卤汁

卤包材料

草果1颗，小茴香、甘草各3克，花椒4克，八角5克

卤汁材料

姜、香菇各50克，水1500毫升，酱油450毫升，糖100克

做法

1. 将卤包材料全部放入卤包棉袋中，绑紧，制成卤包备用。
2. 姜拍松，与香菇一起放入汤锅中，倒入1500毫升水烧开，再加入酱油。
3. 待再次沸腾后，加入糖、卤包，改小火煮约20分钟，至香味散发出来即可。

美味秘诀

五香豆干属于豆类食品，易熟，不宜煮太久，否则会太过熟烂，影响口感与美观。五香豆干含有丰富的蛋白质和人体必需的多种氨基酸，营养价值高。

卤素鸡

材料

素鸡6块，葱花少许

调料

素香卤汁2000毫升，香油1大匙

做法

1. 素鸡洗净后沥干水，备用。
2. 素香卤汁煮沸后，放入素鸡，改小火保持沸腾状态，约40分钟后熄火，浸泡约1小时，取出沥干，刷上香油、撒上葱花即可。

美味秘诀

素鸡是豆类加工品，和豆干一样，只是制作的形状不同。选购时，如果有白色的素鸡更好，更容易卤入味。

卤素腰花

材料

素腰花300克

调料

素香卤汁2000毫升，香油适量

做法

1. 素腰花洗净，沥干水，备用。
2. 素香卤汁煮沸后，放入素腰花，改小火保持沸腾状态，约5分钟后关火，浸泡约20分钟，取出沥干，刷上香油即可。

美味秘诀

素腰花是用魔芋精粉制作而成，表面平整，空隙大小均匀，富有弹性。在卤制之前，建议先用水浸泡一会儿，可增强其筋道的口感，对卤汁的吸收率也高。

香卤素肚

材料

素猪肚　2块
油　适量

调料

素香卤汁　2000毫升
香油　适量

做法

1. 热油锅至油温约150℃，放入素猪肚，以大火炸约3分钟，至表面呈金黄色后，捞出沥干油分，备用。
2. 素香卤汁煮沸后，放入炸好的素猪肚，改小火保持沸腾状态约30分钟，熄火，再浸泡约30分钟，取出沥干，刷上香油即可。

素猪肚是以面粉加工制成的，为了增加其表皮的口感，可以油炸至外皮微焦香脆，这样卤好的素猪肚口感会更好。

蜜汁卤汁

卤包材料

八角10克，罗汉果1/2颗，花椒3克，豆蔻2颗，草果2颗，桂皮10克

卤汁材料

葱20克，姜20克，水1500毫升，酱油500毫升，糖300克

做法

1. 卤包材料全部放入卤包棉袋中，绑紧，制成卤包备用。
2. 葱、姜拍松，放入汤锅中，倒入适量水烧开，再加入酱油。
3. 待卤汁再次沸腾时，加入糖、卤包，改小火煮约5分钟，至香味散发出来即可。

美味秘诀

烟熏卤味的秘密武器

糖——主要产烟材料。熏料里一定要包含一种产烟材料产生烟熏效果，最容易取得、效果也不错的就是糖，上色快且颜色漂亮，甘甜风味适用性广，接受度也高。常用的有白糖、黄糖和粗糖。

铁架——用来盛放食材。其中铝箔纸和铁架的大小，要配合锅的大小以及卤味的分量做适度调整。如果家里没有适用的铁架，也可放几支竹筷充当支架用。

烟熏鸭舌

材料

鸭舌　　20克

调料

蜜汁卤汁　　1000毫升
白糖　　3大匙
香油　　适量

做法

1. 烧一锅开水，放入鸭舌汆烫约1分钟去血水，捞出，放入冷水中洗净，备用。
2. 将蜜汁卤汁倒入深汤锅中，以大火烧开，再放入鸭舌，以微火保持沸腾状态约10分钟。熄火，盖上盖子，以余温浸泡约20分钟后捞出，沥干卤汁。
3. 取一锅，在锅底铺上铝箔纸，撒上白糖，架上铁网架，放上鸭舌，盖上锅盖，转中火，加热至锅边冒烟后转小火，焖约5分钟；熄火，再闷约2分钟；打开锅盖，取出鸭舌，刷上香油即可。

美味秘诀

鸭舌怎么洗

鸭舌的形状很特别，也是许多人爱吃的卤味零食。清洗时，只要放入沸水中汆烫去血水、去脏，捞起来后立即以冷水冲洗就好，用冷水冲洗是为了让其口感筋道。将卤制好的鸭舌快速冷却，可以维持其肉质的弹性，且充分冷却后能吸收较多卤汁，味道更香。

烟熏百叶豆腐

材料

百叶豆腐　2块

调料

蜜汁卤汁　1000毫升
白糖　3大匙
香油　适量

做法

1. 百叶豆腐切成厚约2厘米的块状，备用。
2. 蜜汁卤汁倒入汤锅中，以大火烧开，再放入百叶豆腐块，以微火煮沸约3分钟；熄火，盖上盖子，以余温浸泡约20分钟后，捞出沥干卤汁。
3. 取一锅，锅底平铺上铝箔纸，撒上白糖，架上铁网架，放上百叶豆腐块，盖上锅盖，转中火，加热至锅边冒烟，改小火，焖约5分钟后熄火，再闷约2分钟，打开锅盖，取出百叶豆腐块。
4. 在百叶豆腐块上均匀刷上香油即可。

烟熏卤汁

卤包材料

草果1颗，八角5克，桂皮6克，香叶3克，沙姜6克，罗汉果1/2颗

卤汁材料

葱20克，姜20克，水1500毫升，糖100克，酱油300毫升，黄酒100毫升，盐10克

做法

1. 卤包材料全部放入卤包棉袋中，绑紧，制成卤包备用。
2. 葱、姜用刀背拍松，放入汤锅中，倒入水烧开，加入酱油。
3. 待再次沸腾时，加入盐、糖、卤包，改小火煮约5分钟，至香味散发出来，再倒入黄酒即可。

美味秘诀

烟熏卤味的秘密武器

茶叶——属于熏料中的香味材料，可让卤味具有诱人茶香。为了加速茶叶释放香气，最好先将茶叶磨碎，颗粒越细效果越好。以红茶的味道最佳，但依个人喜好也可改用绿茶、乌龙茶或家中现有的茶叶等，不同的茶叶熏出来的味道也不同。其他能干烧加热的材料也可以使用，如咖啡粉；或使用木屑搭配木炭烟熏，如樟木屑、杉木屑、桧木屑、甘蔗屑，或是花生壳、粗糠等。

烟熏鸭翅

材料

鸭翅　10只（约300克）

调料

白糖　3大匙
乌龙茶叶　5克
烟熏卤汁　3000毫升
香油　适量

美味秘诀

鸭翅的细毛很多，卤之前要处理干净。也可以把鸭翅尾端的尖爪切掉，吃的时候就不会被刺到。

做法

1. 取一炒锅，铺上铝箔纸。
2. 在铝箔纸上撒上白糖。
3. 再撒上磨碎的乌龙茶叶。
4. 架上铁网架。
5. 放上卤好的鸭翅，盖上锅盖，转中火，加热至锅边冒烟后改小火，焖约5分钟后熄火，再闷约2分钟，打开锅盖取出鸭翅，最后刷上香油即可（卤制鸭翅：煮一锅沸水，放入鸭翅汆烫约1分钟，捞出，放入冷水中洗净，拔除鸭翅细毛；将烟熏卤汁倒入汤锅中，先以大火煮至沸腾，再放入洗净的鸭翅，改小火保持沸腾状态约50分钟后熄火，盖上盖子，以余温浸泡约20分钟，捞出鸭翅沥干即成）。

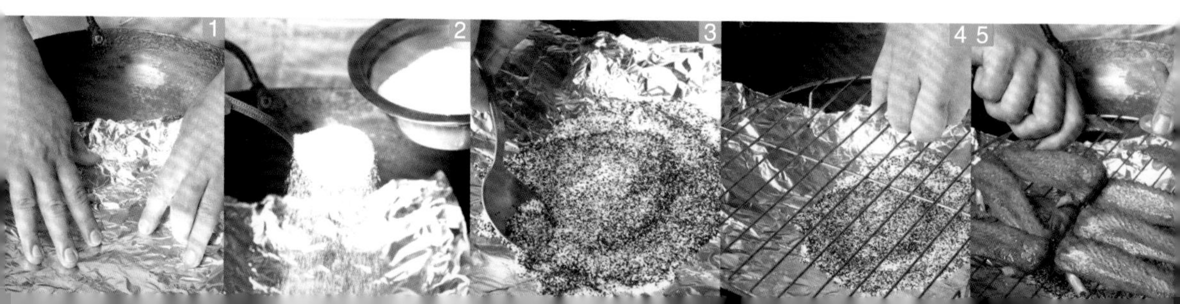

烟熏蛋

材料

鸡蛋	10个
水	1500毫升

调料

盐	3大匙
白糖	3大匙
乌龙茶叶	5克
烟熏卤汁	3000毫升
香油	适量

做法

1. 取一汤锅，放入鸡蛋，加入约1500毫升的水，再加入3大匙的盐，以中火烧开后改小火。
2. 煮约5分钟后，取出鸡蛋，泡冷水至凉。
3. 再将蛋壳剥掉，备用。
4. 烟熏卤汁倒入汤锅中，烧开时，放入鸡蛋，以小火让卤汁保持略为沸腾状态，煮约1分钟后熄火，浸泡约1小时后，捞出沥干卤汁。
5. 取一锅，铺上铝箔纸，撒上白糖和乌龙茶叶，架上铁网架，放上卤蛋，盖上锅盖，转中火，加热至锅边冒烟后改小火，焖约5分钟后熄火，再闷约2分钟，打开锅盖取出熏蛋，在其表面刷上香油即可。

冰镇卤味食材卤制时间一览表

想要卤出好吃的冰镇卤味吗？下面的食材卤制时间表可让您快速掌握多种卤味的正确卤制时间。

食材	卤制时间
猪耳朵	90 分钟
猪皮	90 分钟
猪蹄	150 分钟
猪肚	90 分钟
猪舌	90 分钟
猪心	30 分钟
生肠	40 分钟
脆管	20 分钟
牛腱	200 分钟
牛筋	200 分钟
牛肚	120 分钟
牛肠	90 分钟
鸭头	60 分钟
鸭翅	80 分钟
鸭掌	30 分钟
鸭胗	60 分钟
鸭心	10 分钟

食材	卤制时间
鸭肝	10 分钟
鸭肠	5 分钟
鸭舌	20 分钟
鸡胗	20 分钟
鸡翅	20 分钟
鸡爪	20 分钟
鸡腿	20 分钟
兰花干	20 分钟
素鸡	40 分钟
海带	20 分钟
卤蛋	30 分钟
豆干	50 分钟
西蓝花	1 分钟
贡丸	5 分钟
鲜香菇	2 分钟
米血	待卤汁沸腾，熄火泡约 20 分钟
花生	90 分钟

卤制方法

❶ 所有食材均需清洗干净，肉类食材需先以沸水汆烫去脏及血水后，再捞起洗净。
❷ 将放有卤汁的锅以大火煮沸，转小火后再放入食材。
❸ 依各项食材的不同卤制时间，时间一到即可捞起。
❹ 将食材表面均匀刷上香油，放凉后即可放入保鲜盒中，再放入冰箱冷藏。

PART 2

加热卤味暖人心

卤味可做配菜，也可做正餐，亦可搭配面类、蔬菜等一同食用，让您一饱口福。只要准备一锅卤汁，在家就能轻松做出芳香四溢的卤味，作为您下酒、下饭的美食。

卤汁卤味保存Q&A

有了一锅好吃的卤汁卤味后，该怎么保存？重复以该卤汁卤制食物时，该注意什么才能维持美味？

Q1 卤汁怎么保存？

A：保存卤汁之前，必须先考虑其食用的时间，才能选择适当的保存方式。若是隔天就食用，只要将卤汁重新煮开一次，熄火后不要搅动，放凉了再加盖，直接放在室温中保存。在炎热的夏天需放入冰箱冷藏；若5天内食用，煮开放凉后冷藏即可；若需要保存更长的时间，就必须冷冻保存。使用旧卤汁时，只要将其拿出来重新煮开就可以，也可以再加些水或新鲜的葱和姜稍微调整下味道，避免其煮久了会变得过咸。

Q2 卤味怎么保存？

A：做好的卤味最佳保存期限是5天，超过最佳保存期限，味道会渐渐流失，口感也逐渐变差。保存卤味时，不能将食材放进卤汁里泡，否则味道会越泡越重。

卤味虽然需要低温保存，但不能将其放进冷冻室保存，因为冷冻品不像冷藏品那样可以直接吃，必须等其解冻变软后才能食用，而解冻的过程就会使卤味味道流失，肉质也会失去弹性。

Q3 卤包要一直放在卤锅内吗？

A：卤包不可以长时间放在卤锅内，这是为了避免药材释放出苦涩味而影响卤汁味道，所以卤包在制作出卤汁后就可以丢弃了。等到卤汁重复使用变成“老卤”之后，为了让卤汁味道不会变淡而加入新的卤包，则可以重复使用，但是也只能使用3～5次。

Q4 怎样让卤汁重复使用却不会混浊？

A：会让卤汁混浊的元凶就是鸡、鸭、猪、牛等肉类食材，所以这类食材在下锅前，一定要先过沸水汆烫、洗净，然后才能放入卤汁中卤煮，这样卤汁才不容易混浊。

万用卤汁

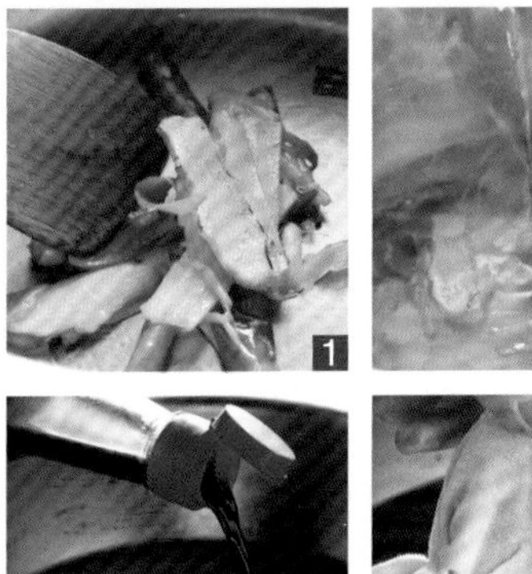

卤包材料

草果1颗，小茴香3克，甘草3克，花椒4克，八角5克，桂皮10克

卤汁材料

葱20克，姜50克，红辣椒2个，水1500毫升，酱油400毫升，白糖120克，米酒50毫升

做法

1. 葱切段；姜切片；红辣椒剖半，拍松。锅中加入少许油，放入葱段、姜片以及红辣椒片爆香。
2. 向锅中倒入水，烧开。
3. 再加入酱油、白糖。
4. 再放入卤包（卤包是将所有卤包材料放入棉袋中制成的）。
5. 煮至再次沸腾后，改小火煮约5分钟，至香味散发出来，最后倒入米酒即可。

美味秘诀

万用卤汁是最简单、最常用的卤汁，做法中把葱、姜以及红辣椒切开、拍松、再爆香，这个步骤千万不能少，这样才能让食材香味彻底散发出来，卤汁才会更香。一般店面里的卤味就是这种万用卤汁的口味，海带、豆腐、卤蛋都可以用其卤制。

家常卤味

材料

海带	3条
鸡蛋	3个
百叶豆腐	1块
烤麸	3块
水	1500毫升
油	适量

调料

万用卤汁	1500毫升
盐	3大匙

做法

❶ 取一汤锅，放入鸡蛋，加入约1500毫升的水（水量需盖过鸡蛋），加入3大匙的盐，以中火烧开后改小火煮约5分钟，取出鸡蛋泡冷水至凉，再将蛋壳剥掉，备用。

❷ 烤麸切片；百叶豆腐切片；海带洗净、沥干水，备用。

❸ 热油锅至油温约150℃，放入烤麸片，以大火炸约3分钟至表面呈金黄色，捞出沥干油，备用。

❹ 万用卤汁煮沸后，放入水煮蛋、百叶豆腐片、海带以及烤麸片，改小火，让卤汁保持在略为沸腾状态，卤约30分钟后熄火，浸泡约30分钟后即可。

家常卤味就是要简单方便，所以只要把要卤的东西放进去，把握好适当的卤制时间就可以了。

卤墨鱼丸

材料

墨鱼丸　300克

调料

红曲卤汁　1000毫升
香油　适量

做法

❶ 墨鱼丸洗净后，沥干水，备用。

❷ 红曲卤汁煮沸后，放入墨鱼丸，改小火让卤汁保持沸腾状态约3分钟，熄火，浸泡约20分钟后，取出沥干，均匀刷上香油即可。

美味秘诀

红曲卤汁中使用的红曲是红曲米，不是红曲酱。红曲米是覆上红曲菌的粳米，对人体健康颇有帮助，是近年来热门的食材。红曲米的分量不宜使用过多，因为红曲米微苦，分量过多会让整道菜的风味偏苦。

红曲卤汁

卤包材料

草果2颗，八角10克，沙姜、甘草各15克，丁香、花椒各5克，桂皮、陈皮各8克，小茴香3克

卤汁材料

大蒜、姜各20克，葱30克，红曲15克，水1600毫升，酱油500毫升，白糖120克，盐1大匙，米酒100毫升

做法

1. 卤包材料全部放入卤包棉袋中，绑紧，制成卤包。
2. 葱、大蒜及姜拍松，与红曲一起加入汤锅中，倒入水烧开，加入酱油。
3. 待再次沸腾时，加入白糖、盐、卤包，改小火煮约20分钟至香味散发出来，再倒入米酒即可。

溏心蛋

材料
鸡蛋6个

调料
盐2大匙，红曲卤汁1000毫升

做法
❶ 红曲卤汁烧开，静置至冷却，备用。
❷ 取一汤锅，倒入冷水，放入盐，烧开后放入鸡蛋，改小火煮约7分钟，取出鸡蛋，立即用冷水冲至鸡蛋冷却。
❸ 取冷却后的鸡蛋剥壳，放入煮沸的红曲卤汁中浸泡，再移至冰箱冷藏约1天即可。

美味秘诀
将鸡蛋煮好取出后，一定要马上冲冷水到鸡蛋冷却，如此一来，鸡蛋才不会借由余热继续熟化，蛋黄才能呈现让人垂涎欲滴的金黄浓稠状。

卤鸽蛋

材料
熟鹌鹑蛋200克，油适量

调料
酱油1大匙，红曲卤汁1000毫升，香油适量

做法
❶ 熟鹌鹑蛋加入酱油中，拌匀上色，备用。
❷ 热油锅至油温约180℃，放入上色后的鹌鹑蛋，油炸约1分钟，捞出沥干油，备用。
❸ 红曲卤汁烧开，放入鹌鹑蛋，改小火让卤汁保持沸腾状态约5分钟，熄火，浸泡约30分钟，取出沥干水，刷上香油即可。

美味秘诀
鸽蛋产量稀少，所以大多以鹌鹑蛋取代，并沿称鸽蛋。油炸鹌鹑蛋可以让其表皮口感更佳，但油温一定要高，否则蛋会破开。

卤肥肠

材料

肥肠	500克
葱	20克
姜	20克

调料

米酒	30毫升
红曲卤汁	1000毫升

做法

1. 葱、姜拍松，备用；烧一锅开水，放入葱、姜以及米酒，煮至沸腾。
2. 放入肥肠煮至再次沸腾后，改小火煮约90分钟，捞出肥肠以冷水冲凉，备用。
3. 将红曲卤汁烧开，放入冲凉后的肥肠，改小火让卤汁保持沸腾状态。
4. 卤约30分钟后熄火，浸泡约30分钟即可。

美味秘诀

一般在超市购买的肥肠都已经处理过，所以只要水煮时加入葱、姜以及米酒去腥就可以了。但是，购买的未经处理过的肥肠需再用面粉和醋搓洗去黏膜，再清洗干净。

五香茶叶蛋

材料

鸡蛋　10个
水　1000毫升

调料

盐　2大匙
五香卤水　1锅

做法

❶ 将鸡蛋、1000毫升水、盐一起放入锅中，开小火慢慢煮至沸腾，约3分钟后，将鸡蛋取出用冷水冲凉。
❷ 将冲凉的鸡蛋轻轻敲裂蛋壳。
❸ 将五香卤水煮沸后，放入鸡蛋，转小火让卤汁保持沸腾约1分钟后熄火，让鸡蛋浸泡约30分钟后即可捞起食用。

美味秘诀

在冷水中放入少许盐和鸡蛋一起煮到沸腾，最大的好处就是如果鸡蛋裂开，蛋清一流出来马上就会凝固。鸡蛋煮熟后捞起泡冷水，会使蛋壳易剥。

五香卤水

卤包材料

花椒3克，丁香、小茴香各2克，八角6克，肉桂、甘草各4克

卤汁材料

酱油150毫升，盐1大匙，水1000毫升，乌龙茶茶叶15克

做法

1. 将所有卤包材料装入棉质卤包袋中，再用棉线绑紧，即为五香卤水卤包。
2. 取一个汤锅，将酱油及盐放入锅中，再加入水，以中火煮至沸腾。
3. 将乌龙茶茶叶放入锅中一起煮，再次煮沸后加入五香卤水卤包，转小火保持沸腾状态约5分钟，至香味散发出来即可。

麻辣卤肥肠

材料

肥肠	1条（约250克）
葱	20克
姜	20克

调料

米酒	30毫升
麻辣卤汁	1000毫升
香油	适量

做法

❶ 葱、姜拍松；烧一锅水，待锅中的水沸腾后，放入葱、姜以及米酒。

❷ 向锅中放入肥肠，待锅中的水再次沸腾后改小火，煮约30分钟后捞出肥肠，冲凉水至冷，洗净备用。

❸ 将麻辣卤汁倒入锅中烧开，加入冲凉后的肥肠，煮至再次沸腾后，改小火保持沸腾状态约20分钟，熄火，浸泡约20分钟，取出刷上香油即可。

麻辣卤汁

卤包材料

八角、川芎各7克，丁香4克，桂皮12克，香叶3克，甘草10克，白豆蔻5克，草果1颗

卤汁材料

葱、大蒜、花椒各20克，姜、干葱头各30克，色拉油100毫升，辣椒酱200克，干辣椒40克，高汤1200毫升，酱油200毫升，糖4大匙

做法

1. 葱、姜、大蒜及干葱头拍破、略剁碎，备用；将所有卤包材料装入一棉布袋中，扎紧，制成卤包备用。
2. 炒锅倒入100毫升色拉油，开小火炒香葱、姜、大蒜、干葱头，炒至微焦黄时，加入辣椒酱，继续用小火不停翻炒。
3. 待翻炒至有微微焦香味时，加入花椒及干辣椒翻炒几下，再加入高汤、酱油、糖和卤包，改大火烧开后，改小火保持沸腾状态15分钟即可。

麻辣鸭血

材料

鸭血　　2块

调料

麻辣卤汁　200毫升

做法

1. 鸭血切小块，备用。
2. 烧一锅开水，放入鸭血块汆烫约1分钟，捞出沥干水，备用。
3. 取一汤锅，倒入麻辣卤汁烧开，放入鸭血块，改小火保持沸腾状态约10分钟即可。

美味秘诀

鸭血先汆烫，可以去腥，煮的时候避免以大火炖煮，否则鸭血容易太老不好吃。

麻辣鸭头

材料
鸭头2只，葱花少许

调料
麻辣卤汁1000毫升，香油适量

做法
1. 烧一锅开水，放入鸭头汆烫约3分钟，取出冲洗干净，备用。
2. 将洗净的鸭头与脖子剁开，将脖子皮去掉，备用。
3. 取一汤锅，倒入麻辣卤汁烧开，放入鸭头、脖子，改小火保持卤汁沸腾状态约30分钟，熄火，浸泡约30分钟后，取出刷上香油、撒上葱花即可。

麻辣脆管

材料
猪脆管200克

调料
麻辣卤汁1000毫升，香油适量

做法
1. 将猪脆管用开水汆烫1分钟后冲洗干净，备用。
2. 麻辣卤汁烧开后，放入猪脆管，转小火让卤汁保持在略为沸腾状态，约5分钟后关火，浸泡20分钟后取出，刷上香油即可。

美味秘诀
脆管其实就是猪的气管部位，富有弹性、口感佳，可以在大型超市或者菜市场买到。

香辣猪血

材料

猪血 500克
葱花 少许

调料

蚝油辣味卤汁 1锅

做法

1. 将猪血洗净，切成适合入口大小的块状，备用。
2. 将蚝油辣味卤汁煮沸后，放入猪血，以中火卤约10分钟，盛入盘中，撒上葱花即可。

美味秘诀

想要制作出色味俱佳的香辣猪血，猪血的选购很重要。可以通过颜色、手感、切面形状、气味这四个方面选择质量高的真猪血。真猪血颜色呈深红色而非鲜红色，用手摸时易破碎而非柔韧状，切面粗糙有不规则小孔，且闻起来有股淡淡的血腥味。

蚝油辣味卤汁

卤包材料

小茴香25克，花椒10克，甘草2片，丁香、桂皮各5克

卤汁材料

姜片5片，大蒜5瓣，辣椒2个，水2000毫升

调料

蚝油2大匙，辣豆瓣酱、沙茶酱各2大匙，辣油1小匙，米酒1大匙，冰糖1大匙

做法

1. 将卤包材料装入棉质卤包袋中，绑紧，即为蚝油辣味卤包。
2. 取一汤锅，将卤包和2000毫升水、米酒一同放入锅中煮沸，熄火，浸泡20分钟；辣椒切末；大蒜拍松，备用。
3. 烧热一油锅，把大蒜、姜片爆香，加入辣豆瓣酱、蚝油、沙茶酱、辣油、辣椒末一起炒香，再全部倒入汤锅中，加入冰糖，开大火煮沸后，即成蚝油辣味卤汁。

卤水晶饺

材料

水晶饺10个，葱花少许

调料

蒜香卤汁2000毫升，香油适量

做法

❶ 水晶饺洗净后，沥干水，备用。

❷ 蒜香卤汁煮沸后，放入水晶饺，改小火，让卤汁保持在略为沸腾状态，约3分钟后关火，浸泡约20分钟后取出沥干，刷上香油、撒上葱花即可。

美味秘诀

水晶饺微微透明的外皮，口感筋道，大多是用淀粉和澄粉拌匀制作，再包上炒过的肉馅，这样制作的水晶饺卤过之后，更容易吸收卤汁的美味，吃起来鲜嫩爽口。

蒜香卤汁

卤包材料

草果2颗，沙姜10克，小茴香3克，花椒4克，甘草15克，八角5克，丁香2克

卤汁材料

葱20克，姜、大蒜各50克，水3000毫升，酱油1000毫升，白糖220克，米酒100毫升

做法

1. 卤包材料全部放入卤包棉袋中，绑紧备用。
2. 葱、大蒜及姜拍松，放入锅中，用小火爆香，倒入3000毫升水烧开，再加入酱油。
3. 待再次沸腾，加入白糖、卤包，改小火煮约20分钟至香味散发出来，再倒入米酒即可。

卤猪尾

材料

猪尾　　5条（约2500克）

调料

蒜香卤汁　2000毫升

做法

❶ 将猪尾拔除猪毛后，用喷火枪烧至表皮微焦去细毛，再浸泡至冷水中，用铁刷刷去焦黑处，洗净备用。

❷ 烧一锅开水，放入洗净的猪尾汆烫约3分钟，捞出，放入冷水中洗净，备用。

❸ 将蒜香卤汁倒入深汤锅中，以大火烧开，再放入洗净的猪尾，以微火（比小火再小一点）煮沸约50分钟后熄火，盖上盖子，以余温浸泡约30分钟即可。

美味秘诀

猪尾怎么处理

猪尾含有丰富的胶质，常被用来炖煮汤品或卤制。猪尾上有些细毛不容易去除，可以用喷火枪烧除，或者用火烤。

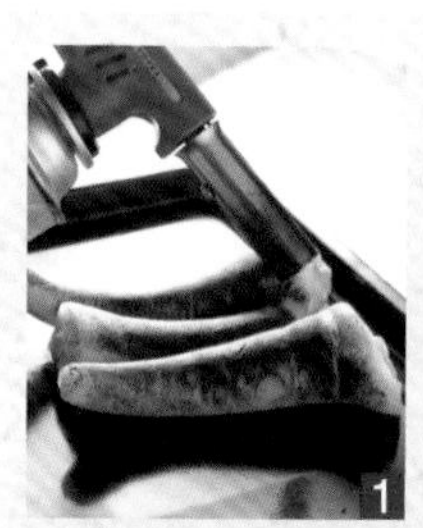

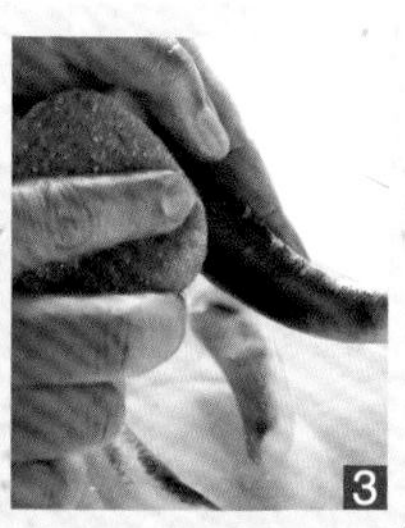

卤鸡翅

材料

鸡翅　　5只（约300克）

调料

茶香卤汁　1500毫升
香油　　　适量

做法

1. 鸡翅洗净后沥干水，备用。
2. 烧一锅开水，放入鸡翅汆烫约1分钟，捞出，放入冷水中洗净，备用。
3. 茶香卤汁烧开后，放入洗净的鸡翅，改小火让卤汁保持在略为沸腾状态，卤约5分钟后熄火，浸泡约20分钟，取出沥干水，刷上香油即可。

美味秘诀

茶香卤汁的茶叶不一定是乌龙茶叶，加入不同的茶叶，可品尝到不同的风味。

茶香卤汁

卤包材料

草果1颗，八角5克，桂皮、沙姜各6克，香叶3克，甘草4克，乌龙茶叶15克

卤汁材料

葱、姜各20克，水1500毫升，酱油500毫升，糖100克，黄酒100毫升

做法

1. 将卤包材料全部放入卤包棉袋中，绑紧备用。
2. 葱、姜拍松，放入锅中，再倒入适量水烧开，加入酱油。
3. 待再次沸腾时，加入糖、卤包，改小火煮约5分钟至香味散发出来，倒入黄酒即可。

卤猪心

材料

猪心　400克

调料

香油　适量

茶香卤汁　1500毫升

做法

❶ 切除猪心上端的血管，再将猪心内的血块挤出，洗净备用。

❷ 烧一锅开水，放入洗净的猪心汆烫约1分钟，捞出，放入冷水中洗净，备用。

❸ 将茶香卤汁煮沸后，放入洗净的猪心，转小火让卤汁保持在略为沸腾状态，约10分钟后关火，浸泡约20分钟后捞出沥干，刷上香油，即可切片食用。

美味秘诀

猪心怎么处理

在烹调猪心前，要切掉其上方的血管，因为此处口感不好，切除后也方便挤出猪心内部的血块。猪心洗好后稍微汆烫去血水，再放入卤汁中卤制即可。

1

2

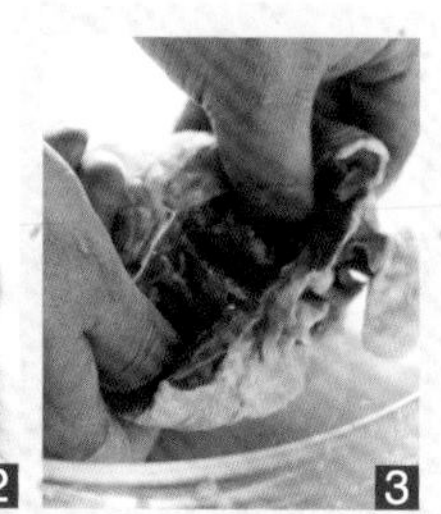

3

茶香卤猪蹄

材料

猪蹄 900克
上海青 适量
热开水 适量

调料

八角 1粒
桂皮 3克
花椒粒 1克
茶叶 5克
酱油 180毫升
料酒 30毫升
冰糖 1大匙
盐 少许

做法

1. 将猪蹄洗净后，放入开水中汆烫，约5分钟后捞出，泡冰水中，待凉备用。
2. 取一个砂锅，把洗净的猪蹄放入，接着加入茶叶外的所有调料，煮出香味后，加入适量热开水，转小火煮约1.5小时。
3. 再放入茶叶煮约5分钟，关火后，闷约10分钟，上海青汆烫熟，搭配猪蹄一起食用即可。

美味秘诀

茶香猪蹄的香气，主要是在茶叶的选择上。一般的生茶、半生熟茶、熟茶，或我们熟知的乌龙茶等都可以，但像普洱茶这种味道太重的茶就不适合。此菜主要利用茶叶的清香去油解腻。

港式卤汁

卤包材料

草果2颗，八角10克，桂皮8克，沙姜15克，丁香5克，花椒5克，小茴香3克，甘草5克，香叶3克

卤汁材料

葱30克，姜20克，水1600毫升，
酱油600毫升，米酒100毫升，白糖120克

做法

1. 将所有卤包材料装入棉质卤包袋中，再用棉线绑紧，即为港式卤汁卤包。
2. 取一个深汤锅，将葱及姜以刀背拍松后，放入锅中，再加入1600毫升水，以中火烧开。
3. 倒酱油及米酒于锅中，以中火继续烧开。
4. 加白糖及港式卤汁卤包于锅中，随即转小火再煮沸约5分钟，至香味散发出来即可。

美味秘诀

港式卤包与一般中式卤包的不同在于：港式卤包的香味较浓郁，且因糖加入较多，甜度也较高。

港式卤猪舌

材料

猪舌　　400克

调料

港式卤汁　1锅

做法

❶ 将猪舌中的舌骨以刀剔除，用清水冲洗干净后，备用。

❷ 取一个汤锅，放入约1/2锅的清水，以中火煮开后，放入猪舌氽烫约1分钟即取出，随即冲冷水至凉，再用刀刮除猪舌上的白膜，冲洗干净备用。

❸ 另取一锅，倒入港式卤汁煮沸后，放入猪舌，转小火，让卤汁保持在略微沸腾的状态，约30分钟后熄火，将猪舌放入卤汁中浸泡20分钟，即可捞起切片。

白卤猪肚

材料

猪肚　　1个（约600克）

调料

白卤水　　1锅

美味秘诀

白酱油较一般酱油颜色淡一些，味道差不多。

做法

❶ 将猪肚表面的肥油剥除后，再翻转以流动的清水冲洗干净。

❷ 取一个汤锅，倒入清水煮开后，放入猪肚汆烫约3分钟即取出冲水，待温度变凉后，用刀刮除猪肚肠头的黄色粗膜。

❸ 另取一锅，倒入白卤水煮沸，放入猪肚，转小火让卤汁保持在略微沸腾的状态，煮约1.5小时即可。

白卤水

卤包材料

草果2颗，八角10克，沙姜15克，桂皮8克，陈皮、丁香、花椒、甘草各5克，小茴香、香叶各3克

卤汁材料

葱30克，姜、香菜各20克，水1600毫升，白酱油300毫升，料酒100毫升，白糖120克，盐1大匙

做法

1. 将所有卤包材料装入棉质卤包袋中，再用棉线绑紧，即为白卤水卤包。
2. 取一个汤锅，将葱及姜拍松后，放入锅中，再加入适量水，开中火煮至水烧开。
3. 将白酱油及料酒放入锅中一起煮，煮沸后再加入白糖、香菜、盐及白卤水卤包，转小火煮沸约5分钟，至香味散发出来即可。

盐水鸭

材料

鸭　　　　1只

调料

盐水鸭卤水 1锅

做法

❶ 取一个汤锅，加水煮开后，放入鸭肉汆烫2分钟，取出冲水洗净。

❷ 将盐水鸭卤水煮沸后，放入鸭肉，转小火让卤汁保持略微沸腾的状态，约50分钟后熄火，让鸭肉浸泡10分钟后即可取出切片食用。

美味秘诀

在家自制盐水鸭，可以通过感官辨别其烹饪质量。烹饪完成的盐水鸭外观呈白色或微黄色，肉质细嫩，切面紧密，具有独特的咸香味而无其他异味，尝起来口感较为脆嫩。

盐水鸭卤水

卤包材料

八角10克，沙姜15克，花椒、甘草各5克，小茴香3克，陈皮8克

卤汁材料

葱30克，姜20克，水2500毫升，白糖120克，料酒200毫升，盐5大匙

做法

1. 将所有卤包材料装入棉质卤包袋中，再用棉线绑紧，即为盐水鸭卤包。
2. 取一个汤锅，先将葱及姜以刀背拍松，放入锅中，再加入适量水，以中火煮至水烧开。
3. 将料酒倒入锅中再次烧开，加入白糖、盐及盐水鸭卤包，转小火煮沸约5分钟至香味散发出来即可。

药膳鸡爪

材料

鸡爪　　10只（约500克）

调料

药膳卤汁　1500毫升

做法

❶ 鸡爪去指甲，放入沸水中汆烫去脏，捞起沥干。

❷ 药膳卤汁烧开，放入鸡爪，转小火煮约12分钟，熄火浸泡10分钟即可。

美味秘诀

生鸡爪一般放冰箱内可保鲜1~2天；若需要长期保存生鸡爪，可把鸡爪洗净，在其表面涂抹少许黄酒，再用保鲜膜包裹起来，放入冰箱冷冻室内保存即可。若鸡爪色泽暗淡无光，表面发黏，则表示存放时间过久，已不新鲜，不宜用来烹饪。

药膳卤汁

卤包材料

黄芪、桂皮各10克，当归8克，甘草15克，川芎、熟地、陈皮各5克

卤汁材料

姜20克，水1500毫升，酱油200毫升，盐1茶匙，糖50克，黄酒100毫升

做法

1. 将所有卤包材料装入一棉质卤包袋中，扎紧，制成卤包备用；姜拍松，放入汤锅中，倒入水烧开，加入酱油。
2. 待再次沸腾时，加入糖、盐及卤包，改小火烧开，继续炖煮约5分钟至香味散发出来，倒入黄酒即可。

美味秘诀

白萝卜可以生食，也可以熟食，均营养美味。但在卤汁中浸泡过后的白萝卜，属于半生半熟的状态，既有生食的脆嫩，又有熟食的鲜香。但不宜浸泡过久，否则萝卜会太过软烂，影响口感。

咖喱萝卜

材料

白萝卜 600克

调料

黄咖喱卤汁 1000毫升

做法

❶ 白萝卜洗净，去皮切块，备用。

❷ 黄咖喱卤汁烧开，放入白萝卜块，改小火让卤汁保持略微沸腾状态，卤约30分钟后熄火，浸泡约20分钟即可。

黄咖喱卤汁

卤包材料

洋葱、姜各50克，红葱头、大蒜各40克，色拉油约3大匙

卤汁材料

水2000毫升，咖喱粉3大匙，盐1.5大匙，
鸡精、白糖各1大匙

做法

1. 洋葱、红葱头、大蒜、姜均切末，备用。
2. 热锅，倒入约3大匙色拉油，以小火炒香洋葱末、蒜末、红葱末以及姜末。
3. 再向锅中加入适量水和咖喱粉，烧开，加入盐、鸡精以及白糖调匀即可。

咖喱鱼丸

材料

鱼丸200克，葱末少许

调料

黄咖喱卤汁1000毫升

做法

1. 鱼丸洗净后沥干水，备用。
2. 将黄咖喱卤汁烧开，放入鱼丸，改小火让卤汁保持略微沸腾状态，卤约3分钟后熄火，浸泡约10分钟取出，撒上葱花即可。

美味秘诀

鱼丸制作：选用新鲜的鱼肉，在低温状态下绞碎，再加入盐，用力捶打或利用机器做成绵细而有光泽的鱼浆，然后用汤匙将鱼浆挖成一个个球状，入沸水中煮熟即成。

咖喱鱿鱼

材料

泡发鱿鱼600克

调料

黄咖喱卤汁1000毫升

做法

1. 泡发鱿鱼洗净，切花后切小块，备用。
2. 烧一锅开水，放入泡发鱿鱼块略微汆烫，捞出，放入冷水中洗净，备用。
3. 将黄咖喱卤汁倒入深汤锅中，以大火煮沸，放入鱿鱼块烧煮片刻后熄火，浸泡约5分钟即可食用。

美味秘诀

鱿鱼不能煮太久，否则口感容易变柴，也不易入味。切花可以让鱿鱼更容易吸收卤汁，且汆烫后泡入卤汁也能避免其肉质老化。

咖喱虾丸

材料

虾丸　　200克

调料

椰奶咖喱卤汁　　1000毫升

做法

❶ 虾丸洗净后沥干水，备用。

❷ 将椰奶咖喱卤汁烧开，放入虾丸，改小火让卤汁保持在略为沸腾的状态，卤约3分钟后熄火，浸泡约10分钟即可。

椰奶咖喱卤汁

卤包材料

洋葱、姜各50克，大蒜40克，色拉油约3大匙

卤汁材料

水1500毫升，椰奶500毫升，红咖喱酱3大匙，盐1.5大匙，鸡精、白糖各1大匙

做法

1. 洋葱、大蒜、姜均切末，备用。
2. 热锅，倒入约3大匙色拉油，以小火炒香洋葱末、蒜末以及姜末。
3. 向锅中加入适量水、椰奶、红咖喱酱烧开，加入盐、鸡精以及白糖调匀即可。

美味秘诀

虾丸最好自行制作，从菜场或超市购买的虾丸大多数不含虾肉，食品专家称这样的食物为“仿生食品”，不论其味道还是其营养价值，远远比不上原生食品，用这样的食品烹制菜肴，风味会大打折扣。

椰香杏鲍菇

材料

杏鲍菇200克

调料

椰奶咖喱卤汁1000毫升

做法

1. 杏鲍菇洗净，切小块，备用。
2. 将椰奶咖喱卤汁烧开，放入杏鲍菇块，改小火让卤汁保持略微沸腾的状态，卤约2分钟后熄火，浸泡约5分钟即可。

杏鲍菇是容易出水的食材，并不适合久卤，只要卤到上色，就可以捞出食用了。

咖喱西蓝花

材料

西蓝花300克

调料

椰奶咖喱卤汁1000毫升

做法

1. 西蓝花削去粗纤维，洗净切小朵，备用。
2. 椰奶咖喱卤汁烧开，放入西蓝花，改小火让卤汁保持略微沸腾的状态，卤约1分钟即可。

西蓝花是蔬菜，不用烫太久，否则口感不佳。

咖喱火锅卤

材料

综合火锅料　　300克

调料

椰奶咖喱卤汁　　1000毫升

做法

1. 综合火锅料洗净后，沥干水，备用。
2. 将椰奶咖喱卤汁烧开，放入综合火锅料，改小火让卤汁保持略微沸腾的状态，卤约3分钟后熄火，浸泡约10分钟即可。

美味秘诀

火锅料大部分是用熟的鱼浆等原料制作而成的，所以不用卤太久，但是如果要卤的是鱼饺类还没熟的食材，可以先汆烫（去除表面粉类），再放入卤汁中卤3～5分钟至火锅料熟透即可。

加热卤味食材卤制时间一览表

加热卤味一直很受欢迎，可以卤的食材非常多。下面的卤制时间表，可让您快速掌握多种卤味的正确卤制时间。

食材	卤制时间
猪耳朵	90 分钟
猪皮	90 分钟
猪肘子	150 分钟
猪蹄	150 分钟
猪尾	80 分钟
猪肚	90 分钟
大头肠	120 分钟
肥肠	100 分钟
猪舌	90 分钟
猪心	30 分钟
生肠	40 分钟
脆管	20 分钟
牛腱	200 分钟
牛筋	200 分钟
牛肚	120 分钟
牛肠	90 分钟
鸭头	60 分钟
鸭翅	80 分钟

食材	卤制时间
鸭掌	30 分钟
鸭胗	60 分钟
鸭心	10 分钟
鸭肝	10 分钟
鸭肠	5 分钟
鸭舌	20 分钟
鸭血	10 分钟
鸡胗	20 分钟
鸡翅	20 分钟
鸡爪	20 分钟
鸡腿	20 分钟
兰花干	20 分钟
素鸡	40 分钟
海带	20 分钟
卤蛋	小火 20 分钟，熄火闷 10 分钟
泡面	大火 3 分钟
百叶豆腐	20 分钟
豆干	50 分钟

卤制方法

❶ 所有食材均需清洗干净，肉类食材须先以沸水汆烫去内脏及血水后，再捞起洗净沥干。
❷ 卤汁先以大火煮沸，再转小火放入食材。
❸ 依各项食材的不同卤制时间卤制，时间一到即可捞起。
❹ 捞起后可依个人口味搭配葱花、酸菜（或榨菜）及各式蘸酱一同食用。

让美味加分的酱料

香气四溢的加热卤味，淋上不同风味的酱料和酸菜，让人闻着味道就忍不住流口水了。只要照着下面介绍的方法去做，就能调出美味的酱料、炒出好吃的酸菜。

黄豆辣椒

材料

黄豆酱3大匙，辣椒酱2大匙，大蒜10克，白糖1大匙，香油2大匙

做法

将所有材料（除香油外）放入果汁机中快速搅打约20秒，打成泥状后加入香油拌匀即可。

海山豆酱

材料

海山酱2大匙，黄豆酱3大匙，酱油160毫升，姜20克，香油2大匙

做法

将所有材料（除香油外）放入果汁机中快速搅打约20秒，打成泥状后加入香油拌匀即可。

腐乳辣酱

材料

辣豆腐乳100克，甜辣酱2大匙，细味噌1大匙，大蒜20克，白糖3大匙，冷开水100毫升，香油4大匙

做法

将所有材料（除香油外）放入果汁机中快速搅打约20秒，打成泥状后加入香油拌匀即可。

蒜泥油膏

材料

酱油5大匙，大蒜50克，姜片10克，凉开水2大匙，白糖2大匙，香油2大匙，葱花20克

做法

将所有材料（除香油、葱花外）放入果汁机中快速搅打约20秒，打成泥状后加入香油和葱花拌匀即可。

沙茶辣酱

材料

沙茶酱2大匙，酱油4大匙，辣椒酱2大匙，大蒜50克，凉开水3大匙，白糖2大匙，香油2大匙

做法

将所有材料（除香油外）放入果汁机中快速搅打约20秒，打成泥状后加入香油拌匀即可。

去油解腻的小菜

● 辣炒酸菜

材料

酸菜300克，红辣椒末20克，姜末15克，白糖3大匙，色拉油2大匙

做法

❶ 酸菜冲冷水，略洗去酸味，沥干水，切丝备用。

❷ 热锅，倒入2大匙色拉油，放入红辣椒末和姜末爆香，加入酸菜丝和白糖，以小火翻炒至水分收干即可。

● 拌榨菜

材料

榨菜丝200克，白糖、辣椒酱各1大匙，香油1大匙

做法

❶ 榨菜丝用水洗净后沥干。

❷ 加入白糖及辣椒酱拌匀后，再淋上香油即可。

PART 3

创意卤味新风味

除了利用中药材制作出较为传统的卤汁外，还可用肉桂、茶叶、可乐、红酒等制作出意想不到的特殊风味卤汁。

西红柿红酒卤汁

材料

西红柿150克，大蒜40克，香叶10片，色拉油约3大匙，洋葱50克，芹菜50克，水1500毫升

调料

番茄酱300克，红酒300毫升，盐1大匙，白糖6大匙

做法

1. 西红柿洗净切丁；洋葱、大蒜、芹菜均切末，备用。
2. 热锅，倒入约3大匙色拉油，以小火炒香洋葱末、蒜末、芹菜末，再加入西红柿丁和香叶翻炒均匀。
3. 向锅中加入适量水和番茄酱烧开，再加入盐、白糖以及红酒，以小火煮约30分钟，最后捞去香叶即可。

红酒卤牛肉

材料

牛肉　　约800克

调料

西红柿红酒卤汁　　1500毫升

做法

❶ 牛肉洗净，沥干水备用。

❷ 烧一锅开水，放入牛肉，以小火炖煮约90分钟捞出，冲冷水至冷却，切小块备用。

❸ 将西红柿红酒卤汁倒入深汤锅中，以大火烧开，再放入冷却后的牛肉块，以小火卤约1小时，熄火，浸泡约30分钟即可。

卤素食

材料

鲜香菇　5朵
魔芋结　10个
胡萝卜　100克

调料

柴鱼卤汁　1000毫升

做法

❶ 胡萝卜洗净、去皮、切小块；鲜香菇去蒂、洗净，备用。
❷ 将柴鱼卤汁烧开，放入胡萝卜块，改小火让卤汁保持略微沸腾的状态，卤约10分钟。
❸ 于锅中放入鲜香菇和魔芋结，再卤约1分钟后熄火，浸泡约10分钟即可。

柴鱼卤汁

材料

柴鱼片15克，香菇50克，姜40克，海带1小段

调料

水1500毫升，酱油500毫升，米酒300毫升，糖100克

做法

1. 姜拍松，与香菇、海带一起放入汤锅中，倒入适量水烧开，加入酱油和200毫升米酒。
2. 待再次沸腾，加入糖和100毫升米酒，改小火煮约10分钟，加入柴鱼片后熄火，静置约30分钟，捞去柴鱼片、海带、香菇以及姜即可。

卤墨鱼

材料

小墨鱼　10只

调料

焦糖卤汁　1000毫升

做法

❶ 烧一锅开水，放入小墨鱼汆烫约1分钟，捞出冲冷水，并去除墨鱼嘴和眼睛，洗净备用。

❷ 将焦糖卤汁倒入深汤锅中，以大火烧开，放入小墨鱼，以小火煮沸约3分钟后熄火，浸泡约10分钟即可。

焦糖卤汁

材料

红葱头、大蒜各40克，姜30克，油少许，水2000毫升

调料

八角、桂皮各10克，草果2颗，花椒5克，老抽2大匙，白糖140克，盐1.5大匙

做法

1. 将八角、桂皮、草果、花椒放入卤包棉袋中，绑紧，制成卤包备用。
2. 锅中倒入少许油，放入拍松的红葱头、姜及大蒜，用小火爆香。
3. 于锅中加入其余调料和卤包，倒入水烧开，改小火煮约20分钟即可。

玫瑰卤汁

卤包材料

草果2颗，八角5克，桂皮8克，沙姜15克，丁香5克，花椒5克，小茴香3克，甘草5克

卤汁材料

葱20克，姜20克，玫瑰花30克，水2400毫升

调料

米酒200毫升，酱油600毫升，盐1大匙，白糖180克，红曲1大匙

做法

1. 所有卤包材料放入卤包棉袋中，绑紧，制成卤包备用。
2. 玫瑰花泡入米酒中，腌制约2天，泡出香味后即成玫瑰花酒，备用。
3. 葱、姜拍松，放入汤锅中，倒入适量水烧开，再加入酱油。
4. 待再次沸腾，加入盐、白糖以及卤包，改小火煮约5分钟至香味散发出来。
5. 于锅中加入红曲和玫瑰花酒，烧开后，以小火让卤汁保持沸腾状态约15分钟，熄火即可。

玫瑰油鸡腿

材料

鸡腿　2只（约500克）

调料

玫瑰卤汁　2000毫升

做法

❶ 烧开一锅水，放入鸡腿汆烫约1分钟，捞出，放入冷水中洗净，备用。

❷ 玫瑰卤汁倒入汤锅中，先以大火烧开，再放入洗净的鸡腿，改小火让卤汁保持略沸腾状态约10分钟，熄火，盖上盖子，以余温浸泡约20分钟即可。

酸辣泰国虾

材料

泰国虾　　300克

调料

泰式酸辣卤汁　　1000毫升

做法

❶ 泰国虾洗净，剪去虾须，备用。

❷ 烧开一锅水，放入泰国虾略为汆烫，捞出，放入冷水中洗净，备用。

❸ 将泰式酸辣卤汁倒入深汤锅中，以大火烧开，再放入泰国虾煮沸，熄火，用余温浸泡约3分钟，至虾身变红即可。

美味秘诀

泰式酸辣汤酱也被直接音译为“冬阴功酱”，是泰国家常酸辣汤的方便酱，集合了数十种香料熬制，与海鲜搭配最适宜。

泰式酸辣卤汁

材料

大蒜40克，姜、香茅各50克，水2000毫升

调料

色拉油约3大匙，泰式酸辣汤酱5大匙，盐2茶匙，鸡精、白糖各1大匙

做法

1. 大蒜、姜均切末；香茅切碎，备用。
2. 热锅，倒入约3大匙色拉油，以小火炒香蒜末、姜末、香茅碎。
3. 于锅中加入适量水和泰式酸辣汤酱，烧开后加入盐、鸡精以及白糖调匀即可。

PART 4

特色卤味吃不腻

东山鸭头、红烧羊肉炉、烧酒鸭等这些令人吃不腻的经典佳肴都是卤味，它们都需要加入含有中药材的卤包，利用“卤”的原理烹调出来。

东山鸭头卤汁

材料

葱、姜各20克，色拉油4大匙，水1300毫升

调料

糖色280毫升，酱油500毫升，白糖400克，米酒100毫升

卤包

八角10克，甘草10克，花椒3克，草果2颗，桂皮10克

做法

1. 葱、姜拍松；将所有卤包材料放入棉布袋中包好，备用。
2. 热锅，倒入4大匙色拉油，放入拍松的葱、姜，用小火爆香，捞出备用。
3. 取一卤锅，将爆香的葱、姜放入卤锅中。
4. 再向卤锅中依序加入适量水、糖色、酱油、白糖、米酒与卤包。
5. 煮沸后，转小火，再煮约20分钟至香味散出。
6. 捞去卤包及葱、姜，即为东山鸭头卤汁。

美味秘诀

1. 小火烧

卤食材的时候，要等卤汁沸腾后转成小火，但是要保持微微沸腾的状态，这样才容易入味。避免太过沸腾让卤汁混浊，食材也会容易破碎，影响卖相。

2. 关火浸泡

每种食材都有其最适合卤炖的时间，本书对此也有详细的说明。卤好之后，要立刻关火，以浸泡的方式让味道继续渗入，否则可能会让食材过烂或过涩。因此，最好将食材分门别类地卤，才能控制好卤与浸泡的时间。

鸭舌

材料

鸭舌20个（约40克），油适量

调料

东山鸭头卤汁1锅

做法

1. 将鸭舌放入沸水中汆烫1分钟，捞出，放入冷水中冲凉。
2. 将东山鸭头卤汁煮沸，放入鸭舌，转微火煮沸后，继续炖煮约10分钟即关火。
3. 接着浸泡约20分钟后捞出鸭舌，即可吹凉、晾干。
4. 热油锅至约160℃，将吹凉后的鸭舌放入锅中，以中火炸约30秒，至表面焦香即完成。

鸭肠

材料

鸭肠600克，油适量

调料

东山鸭头卤汁1锅

做法

1. 把鸭肠洗净后，每条鸭肠绑成一个结，再放入沸水中汆烫1分钟，捞出，放入冷水中冲凉。
2. 将东山鸭头卤汁煮沸，放入鸭肠结，转微火煮沸后，继续炖煮约5分钟即关火，接着浸泡约10分钟后捞出鸭肠，即可吹凉、晾干。
3. 热油锅至约160℃，将吹凉后的鸭肠放入锅中，以中火炸约30秒至表面焦香即完成。

东山鸭头

材料

鸭头 2只

油 适量

调料

东山鸭头卤汁 1锅

做法

1. 鸭头洗净后，放入沸水中汆烫1分钟，捞出，放入冷水中冲凉。
2. 接着将鸭头上的细毛拔除，再用清水洗净。
3. 将东山鸭头卤汁倒入卤锅中，开火，烧开。
4. 将洗净后的鸭头放入东山鸭头卤汁中，再次煮沸后，转微火持续炖煮约1小时。
5. 关火，继续浸泡约40分钟。
6. 捞出鸭头，吹凉、晾干。
7. 另热一油锅，油温热至约160℃，将放凉后的鸭头放入锅中，以中火油炸。
8. 炸至表面焦香，即可盛盘。

鸭脖子

材料
鸭脖子5只，油适量

调料
东山鸭头卤汁1锅

做法
1. 将鸭脖子的皮剥除，再放入沸水中汆烫1分钟后捞出，放入冷水中冲凉。
2. 将东山鸭头卤汁煮沸，再放入鸭脖子，转微火煮沸，继续炖煮约30分钟即关火，接着浸泡约30分钟后捞出鸭脖子，即可吹凉、晾干。
3. 热油锅至约160℃，将放凉后的鸭脖子放入锅中，以中火炸约1分钟至表面焦香即成。

鸭心

材料
鸭心300克，油适量

调料
东山鸭头卤汁1锅

做法
1. 将鸭心洗去血块后，放入沸水中汆烫1分钟，捞出，放入冷水中冲凉。
2. 将东山鸭头卤汁煮沸，放入鸭心，转微火煮沸，继续炖煮约3分钟即关火，接着浸泡约20分钟后捞出鸭心，即可吹凉、晾干。
3. 热油锅至约160℃，将放凉后的鸭心放入锅中，以中火炸约1分钟至表面焦香即成。

万峦猪蹄卤包

材料

八角5粒，陈皮10克，花椒15克，甘草2片，丁香10克，桂枝10克，沙姜10克，草果10克，桂皮5克

做法

将所有材料装入棉质卤包袋中绑紧，再将其全部敲碎，即为万峦猪蹄卤包。

万峦猪蹄

材料

猪蹄	2只
葱	20克
姜片	5片
大蒜	10瓣
香菜叶	少许
油	1大匙
水	2000毫升

调料

万峦猪蹄卤包	1包
酱油	200毫升
冰糖	2大匙
盐	1小匙
米酒	1大匙

做法

1. 将万峦猪蹄卤包、2000毫升水、酱油、冰糖放入锅中，浸泡20分钟，备用。
2. 猪蹄洗净，放入另一锅中，加水盖过猪蹄，与姜片一起煮到80℃，去除血水及腥味后，捞起猪蹄，泡入冷水中约30分钟，再把细毛刮除、角质刮除，并冲洗干净，然后放入零下30℃的冷冻库，急速冷冻后再取出备用。
3. 将葱洗净后，切长段；大蒜拍松，备用。
4. 另热一锅，放入1大匙油，放入葱段、姜片、大蒜爆香，再放入冷冻后的猪蹄油炸，加入盐、米酒调味，炸至猪蹄微微焦香后，盛出备用。
5. 将装有万峦猪蹄卤包的锅烧热，再将油炸后的猪蹄放入，卤约60分钟后，取出切小块，盛入盘中，撒上少许香菜叶即成。

美味秘诀 猪蹄处理步骤

清洗

汆烫

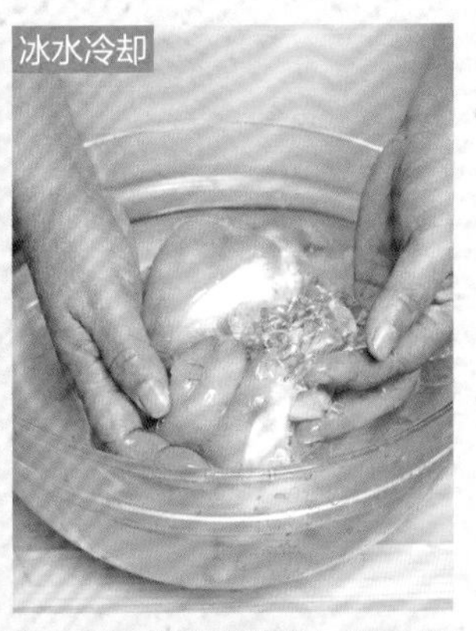
冰水冷却

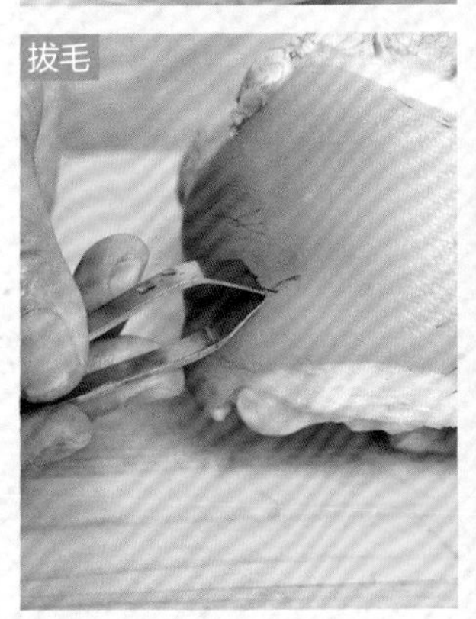
拔毛

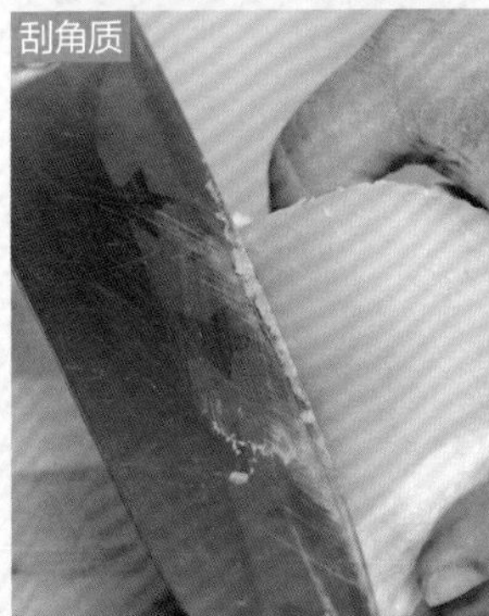
刮角质

油炸

美味秘诀

炸羊肉去腥方式

材料

羊肉块600克，色拉油300毫升

做法

取一锅，倒入300毫升的色拉油，开中火，等油温约为160℃时，将羊肉块放入，过油1分钟即可捞起，并沥干油。

如何选择羊肉

对于羊肉的选择，有的人主张用土山羊，有的人主张用5~6个月的小羔羊，不管是选择哪一种羊，没腥味的羊肉即为好羊肉。在煮羊肉时，可用羊的大腿肉或是羊的上身肉；在做爆炒羊肉时，可选择羊里脊肉；在做汆烫羊肉时，可选择羊五花肉。

红烧羊肉炉卤包

材料

甘草、丁香、八角各5克，罗汉果1/2粒，陈皮、花椒各10克，香叶5片

做法

将所有材料放入棉质卤包袋中绑紧，即为红烧羊肉炉卤包。

姜母鸭卤包

材料

当归、桂皮各10克，川芎、黄芪各5克，熟地1片，参须1/2把

做法

将所有材料放入棉质卤包袋中绑紧，即为姜母鸭卤包。

美味秘诀

如何选择鸭肉

鸭子的种类大体上可分白毛的菜鸭及黑毛或是花毛的土番鸭。制作姜母鸭使用土番鸭较为正统。土番鸭又称红面番鸭，肉色鲜红、营养价值高。但如果是要制作一般的烤鸭或盐水鸭，选择菜鸭即可。

姜母鸭对味蘸酱

豆瓣酱：黄豆酱、粗味噌、辣豆瓣酱各1大匙，米酒、胡麻油各1大匙，糖2大匙。将所有材料混合拌匀即可。

腐乳辣酱：香油1小匙，细味噌、辣豆瓣酱各1大匙，米酒、辣豆腐乳、糖各2大匙。将所有材料混合拌匀即可。

辣噌酱：粗味噌、辣椒酱、酱油、陈醋、米酒、蒜末各1大匙，糖、香油各2大匙。将所有的材料混合拌匀即可。

红烧羊肉炉

材料

羊腩肉	600克
白萝卜	1/2根
胡萝卜	1/2根
葱	20克
老姜	75克
辣椒	3个
大蒜	8瓣
甘蔗头	120克
香菜	少许
水	600毫升
色拉油	70毫升

调料

红烧羊肉炉卤包	1包
胡麻油	1大匙
酱油	1大匙
米酒	1大匙
黄豆酱	1小匙
黑豆酱	1小匙
冰糖	1大匙

做法

1. 白萝卜及胡萝卜洗净、去皮、切小块；葱切10厘米小段；老姜切片；辣椒切片，备用。
2. 将羊腩肉洗净沥干，剁成小块状，备用。
3. 取一锅，放入60毫升色拉油，将油温烧热至约120℃，加入羊腩肉块炸约2分钟，捞起沥干油，备用。
4. 另起一锅，锅烧热后，倒入10毫升色拉油，加入大蒜及葱段、姜片、辣椒片爆香，再加入红烧羊肉炉卤包及剩余调料略为翻炒，再依序加入炸好的羊腩肉块、胡萝卜块、白萝卜块，翻炒1分钟后，加入适量水及甘蔗头，盖上锅盖，开小火焖煮约1.5小时至羊腩肉块肉质变软，最后撒上香菜即可。

姜母鸭

材料

土番鸭	1只(约900克)
圆白菜	150克
金针菇	150克
米血糕	120克
豆皮	5张
老姜	300克
水	3000毫升

调料

米酒	500毫升
葱蘑菇精	1大匙
盐	1小匙
冰糖	1小匙
香油	500毫升
姜母鸭卤包	1包

做法

1. 土番鸭剁小块，放入沸水中汆烫2～3分钟去杂质、血水，再用冷水洗净，备用；圆白菜洗净切小块；金针菇去须根、洗净沥干；米血糕切均等小块；老姜切片，备用。
2. 取一锅，将锅烧热，倒入香油，再加入老姜片炒至金黄色。
3. 再加入土番鸭块炒至鸭皮略呈卷缩状。
4. 再倒入3000毫升水及其余调料，开中火，煮约45分钟。
5. 加入圆白菜、金针菇、米血糕及豆皮，煮沸约5分钟即可熄火。
6. 最后倒入米酒，翻炒均匀即可。

烧酒鸭

材料

菜鸭	1只(约900克)
香菜	少许
水	3000毫升

调料

米酒	1000毫升
烧酒鸭卤包	1包

做法

1. 菜鸭剁小块，放入沸水中汆烫2~3分钟去杂质、血水，再用冷水洗净备用。
2. 取一深锅，倒入3000毫升水，加入烧酒鸭卤包、鸭肉块及米酒，盖上锅盖，开中火煮约45分钟后，熄火取出鸭肉块，最后撒上香菜即可。

美味秘诀

制作烧酒鸭要选择菜鸭，腥味不会那么重。

烧酒鸭卤包

材料

当归、黄芪、枸杞、白芍、杜仲、玉竹各5克

做法

将所有药材放入棉布袋中，并用棉绳将袋口绑紧，即成烧酒鸭卤包，备用。

阿婆铁蛋

材料

鹌鹑蛋	20个（约200克）
葱	20克
姜片	2片
大蒜	5瓣
水	400毫升

调料

酱油	2大匙
冰糖	1大匙
阿婆铁蛋卤包	1包

做法

1. 将葱洗净切长段；大蒜拍松，备用。
2. 把葱段、姜片、大蒜及所有调料一起煮沸，再煮10分钟后熄火，备用。
3. 把鹌鹑蛋煮熟去蛋壳，放入上一步煮沸的卤汁中，以小火卤约10分钟，熄火后浸泡5分钟，捞出沥干水，放置风干。
4. 重复以上卤制及风干步骤，至少7次以上，直到蛋白部分紧缩成薄薄一层即可。

阿婆铁蛋卤包

材料

八角3粒，小茴香、丁香、花椒、桂皮各10克

做法

将所有材料装入棉质卤包袋中绑紧，并将其全部敲碎，即为阿婆铁蛋卤包。也可以使用五香粉来取代卤包。

PART 5

怀旧卤味色味全

用色味俱全的卤汁搭配各种食材卤制，会呈现出味道各异的卤味佳肴。卤汁应妥善保存，以便重复使用，让卤汁犹如陈年好酒般香醇浓郁，做出怀旧风味。

红卤汁

材料

葱30克，姜20克，油适量，水1600毫升

调料

陈皮1茶匙，草果2颗，八角15克，花椒10克，桂皮8克，沙姜15克，丁香5克，花椒5克，小茴香3克，甘草5克，香叶3克，白糖120克，酱油600毫升，料酒100毫升

做法

1. 取锅，加油烧热；再将葱洗净、切段，姜洗净、拍扁，备用。
2. 锅中放入葱段、姜爆香。
3. 待其炒至外观微微焦黄后，移入一汤锅中，并加水1600毫升。
4. 再将酱油、白糖、料酒以外的所有调料逐步放入汤锅中。
5. 最后加入酱油、白糖和料酒，烧开后，改转小火煮约40分钟。
6. 熄火，将锅内材料过滤，去渣留汁，即为红卤汁。

白卤汁

材料

葱30克，姜20克，水1600毫升，油适量

调料

草果2颗，白豆蔻15克，八角10克，陈皮5克，桂皮8克，沙姜15克，丁香5克，花椒5克，小茴香3克，甘草5克，香叶3克，白糖120克，白酱油300毫升，盐1大匙，料酒100毫升

做法

1. 取锅，加油烧热。
2. 将葱洗净切段，姜洗净拍扁；向油锅中放入葱段、姜爆香，炒至外观微焦黄。
3. 再将炒好的葱段、姜移入一汤锅中，向锅中加水，然后将白酱油、盐、白糖、料酒外的调料放入锅中。
4. 再加入盐、白糖、白酱油和料酒，烧开后，改转小火煮约1小时。
5. 最后将锅内材料过滤，去渣留汁，即为白卤汁。

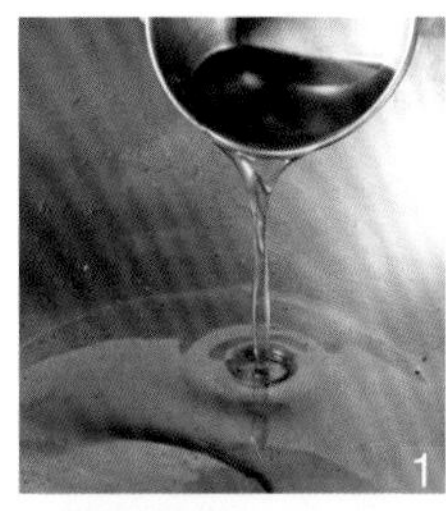

1

2

3

4

5

美味秘诀

白酱油主要是以小麦酿成，色泽与风味皆清新淡雅。酿造时加入的酱色较少，所以，用作冷盘蘸酱，或用来制作不想上色的卤味，都很适合。

综合卤味拼盘

材料

牛肚	1个（约500克）
大肠	1条（约250克）
牛腱	1块（约600克）
猪皮	2块（约160克）
鸡心	150克
猪舌	1个（约400克）
猪腱	1块（约500克）
猪五花肉	200克
鸡翅	3只（约180克）
鸡爪	5只（约250克）
海带	5条
豆干丁	100克
黑豆干	3块
油豆腐	5块
花干	2块
百叶豆腐	1块
素鸡	3块
辣椒丝	适量
香菜	适量

调料

红卤汁	1大锅
香油	少许

做法

1. 将牛肚、大肠、牛腱、猪皮、猪舌均处理干净。（做法见16~18页）
2. 海带、豆干丁和黑豆干放入沸水中汆烫1分钟后，捞起沥干，备用。
3. 将红卤汁煮沸后，放入牛肚、大肠、牛腱、猪腱、猪五花肉，以小火卤20分钟。
4. 接着放入猪舌、猪皮、鸡翅，以小火卤15分钟。
5. 最后再放入鸡心、鸡爪、海带、豆干丁、黑豆干、油豆腐、花干、百叶豆腐和素鸡，一同煮沸后，熄火泡20分钟即可。
6. 将上述卤好的食材捞出、放凉，切片盛盘后，加上辣椒丝和香菜，再淋上香油即可。

美味秘诀

食材放入的先后顺序

先将比较大块及卤制时间较长的食材放进卤汁中卤制，接着再放进比较小的内脏，最后放入海带、豆干等素食。随着食材卤制的时间不同，分不同时间段放入卤汁中，才能卤得入味。

鸡心

花干

豆干丁

海带片

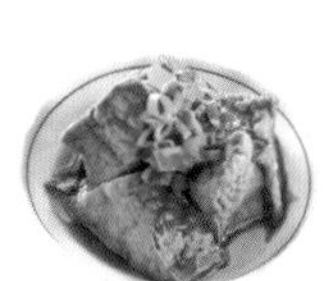
油豆腐

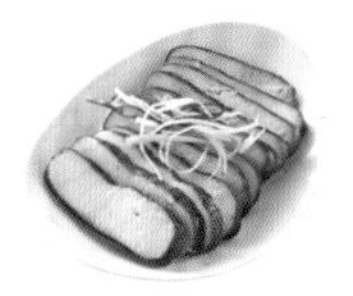
黑豆干

百叶豆腐

素鸡

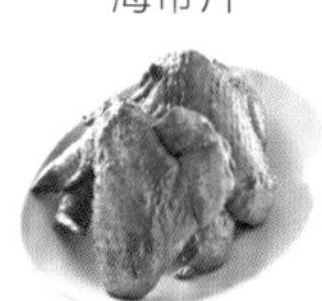
鸡翅

猪皮

鸡爪

大肠

猪舌

猪五花肉

猪腱

牛腱

牛肚

香醋拌卤牛腱

材料

卤好的牛腱	1块（约600克）
黑豆干	1块
葱	20克
蒜末	1茶匙
香菜末	1大匙

调料

红卤汁	1小锅
镇江香醋	1大匙
香油	1大匙
糖	1/2茶匙
酱油	1茶匙

做法

1. 将葱切末，备用。
2. 将卤好的牛腱放凉后，切片备用。
3. 把牛腱片放于一碗中，加入镇江香醋。
4. 再淋入香油。
5. 将红卤汁煮沸，关火，放入黑豆干浸泡3小时，捞出切片，再和葱末一同加入上一步的碗中，并搅拌均匀。
6. 再加入香菜末、蒜末和其他调料拌匀，最后盛盘即可。

卤猪蹄

材料

猪蹄1只，黑豆干2块，葱花1茶匙，蒜泥1/2茶匙

调料

红卤汁3大匙，香油1茶匙，胡椒粉1茶匙

做法

1. 猪蹄剁小块，用开水汆烫约3分钟后，洗净沥干，备用。
2. 黑豆干汆烫沥干，备用。
3. 红卤汁烧开，将猪蹄块放入煮开后，转小火保持沸腾状态，盖上锅盖，约50分钟后，放入黑豆干，即关火闷30分钟后捞出。
4. 黑豆干放凉，切四方丁。
5. 最后在卤好的猪蹄块、豆干丁中加入其余调料、葱花、蒜泥拌匀，盛盘即可。

椒油拌卤猪腱

材料

猪腱2块（约1000克），卤好的百叶豆腐1块，葱花少许

调料

花椒油1茶匙，胡椒粉1茶匙，香油1大匙，红卤汁2000毫升

做法

1. 烧一锅开水，放入猪腱，汆烫1分钟后，捞起冲冷水，备用。
2. 红卤汁煮沸后，放入猪腱，转小火让卤汁保持略微沸腾状态，约30分钟后关火，闷约30分钟后捞起。
3. 将猪腱和百叶豆腐切片，拌入其余调料、撒上葱花即可。

美味秘诀

猪腱是猪前后腿的腱子肉，由于此部位肌肉的运动量很大，所以肌肉紧实，口感极佳。很适合制作卤味，通常是煮完再切小块或切片，若先切再卤，可能会使猪腱缩小或散掉。

酱牛腱

材料

卤好的牛腱　2块（约1200克）
小黄瓜　1条

调料

红卤汁　适量

做法

1. 将小黄瓜洗净，切片备用。
2. 取一锅，倒入红卤汁煮沸后，将卤好的牛腱放入锅中，改转小火持续炖煮，期间要不时翻动牛腱，使其能均匀受热。
3. 煮至汤汁蒸发、略收干呈浓稠状时，放凉后切片，再淋入锅中剩余的卤汁，最后放入小黄瓜片装饰即可。

五香拌牛腱

材料

卤好的牛腱	1块（约600克）
卤好的素鸡	2块

调料

香油	1大匙
五香粉	1/2茶匙
糖	1/2茶匙
红卤汁	2大匙

做法

1. 将卤好的牛腱切片备用。
2. 将卤好的素鸡切片备用。
3. 将牛腱片、素鸡片加入所有调料中拌匀，盛盘即可。

美味秘诀

牛腱买回来后，可以先将肉上较难咬断的筋膜去除，如此口感会更好。

将牛腱放入沸水中汆烫时，可用筷子插入做测试，即可轻松分辨牛腱是否已熟。

辣酱拌牛肚

材料

卤好的牛肚　1个（约500克）
卤好的黑豆干　2块
香菜末　1大匙

调料

辣椒酱　1大匙
糖　1/4茶匙
香油　1大匙

做法

1. 将卤好的牛肚切片。
2. 卤好的黑豆干先剖半，再切片。
3. 将牛肚片、黑豆干片放于碗中，再加入香菜末及所有调料拌匀，盛盘即可。

海带拌牛筋

材料

卤好的牛筋600克，卤好的海带3条，葱末少许

调料

红卤汁1小锅，花椒适量，香油1大匙

做法

1. 将卤好的牛筋切片。
2. 将卤好的海带切片。
3. 将牛筋片、海带片加入所有调料中拌匀，最后撒上葱末，盛盘即可。

红油牛筋

材料

卤好的牛筋400克，黑豆干1块，葱末少许

调料

红卤汁1小锅，辣椒油1大匙，糖1/2茶匙，酱油、香油各1茶匙

做法

1. 将卤好的牛筋切片备用。
2. 黑豆干汆烫沥干后，放入煮开的红卤汁中浸泡30分钟，捞出放凉，并切成片状，备用。
3. 将牛筋片、黑豆干片加入其余调料中拌匀，最后撒上葱末，盛盘即可。

美味秘诀

原本卤好的牛筋可即食，但为了让牛筋更软烂、口感更佳，可以再继续卤煮。

猪皮冻

材料

处理好的猪皮200克，吉利丁片3片

调料

红卤汁1大锅，盐1/2茶匙

做法

1. 将处理好的猪皮放入已沸腾的红卤汁中泡30分钟，捞出切块。
2. 再将吉利丁片加入3大匙红卤汁中，至吉利丁完全溶化后，加盐拌匀。
3. 将卤好的猪皮块分成多份，一份一份装入小碗中，碗中再加入红卤汁至九分满，最后放入冰箱冷藏。
4. 从冰箱取出凝结成冻的猪皮，将小碗倒扣于盘上，淋上溶有吉利丁的红卤汁即可。

麻辣猪皮

材料

处理好的猪皮300克，黄豆干5片，青蒜10克

调料

红卤汁1大锅，辣椒粉1茶匙，糖1/2茶匙，
陈醋、酱油各1茶匙

做法

1. 黄豆干汆烫沥干，备用。
2. 将处理好的猪皮和黄豆干放入已沸腾的红卤汁中，泡30分钟后捞出；猪皮切2厘米小段，黄豆干切片，备用。
3. 青蒜切片备用。
4. 将猪皮段、黄豆干片、青蒜片和其余调料拌匀，盛盘即可。

香辣蜂巢牛肚

材料

卤好的牛肚　1个（约500克）
卤好的花干　1块
葱花　少许

调料

花椒　适量
糖　适量
香油　1大匙

做法

1. 将卤好的牛肚对切剖开。
2. 再以斜刀方式将牛肚切片；卤好的花干切大块状。
3. 将牛肚片、花干块放入同一碗中，并放入花椒。
4. 再放入糖。
5. 然后淋上香油。
6. 最后撒上葱花，拌匀盛盘即可。

酱大骨

卤包材料

草果	2颗
八角	10克
桂皮	8克
丁香	5克
花椒	5克
小茴香	3克
白豆蔻	3克

材料

猪脊骨（带肉）	1000克
葱	30克
姜	20克
辣椒末	少许
水	1000毫升
色拉油	约4大匙

调料

酱油	300毫升
白糖	150克
米酒	100毫升

做法

1. 用棉布包将所有卤包材料包好，制成卤包。
2. 猪脊骨用开水汆烫约3分钟，捞起，洗净沥干，备用。
3. 将葱、姜洗净、拍扁、切段，备用。
4. 取一炒锅，加入约4大匙色拉油热锅，将葱段、姜段下锅，以中火爆香后，加入适量水、卤包和所有调料烧开。
5. 再放入猪脊骨，待煮开后转小火保持沸腾状态，盖上锅盖，约50分钟后开盖，以小火持续炖煮，并不时翻动猪脊骨使其均匀受热。
6. 煮至汤汁蒸发、呈浓稠状后，盛盘并撒上辣椒末即可。

韭菜拌卤猪皮

材料

处理好的猪皮200克，韭菜100克，
红辣椒丝少许

调料

红卤汁1大锅，香油2茶匙

做法

1. 将处理好的猪皮放入已沸腾的红卤汁中，泡30分钟后捞出，切1厘米宽的小段。
2. 韭菜洗净、稍汆烫，放凉切段。
3. 将猪皮段、韭菜段、红辣椒丝和3大匙红卤汁及香油一起拌匀，盛盘即可。

凉拌猪耳

材料

猪耳1只（约400克），小黄瓜1根，
蒜末、红辣椒末各1/2茶匙

调料

红卤汁1大锅，白醋1大匙，糖1茶匙，
盐1/2茶匙，香油2茶匙

做法

1. 猪耳拔毛洗净后，放入沸水中汆烫5分钟，捞起洗净、沥干。
2. 红卤汁煮沸，放入猪耳，以小火煮5分钟，关火浸泡20分钟捞出。
3. 将卤好的猪耳切丝，备用。
4. 小黄瓜洗净、切丝，加入盐拌匀。
5. 将猪耳丝、黄瓜丝、蒜末、红辣椒末及其余调料拌匀，盛盘即可。

猪耳朵上有许多细毛，前期处理很重要，可以参照猪皮的前期处理方式。

卤五花肉

材料

带皮猪五花肉	350克
黄豆干	2块
葱花	1茶匙
油	适量

调料

红卤汁	1大锅
酱油	2茶匙
香油	1茶匙
胡椒粉	1/2茶匙

做法

1. 猪五花肉洗净，用少许油在锅里煎至表面硬脆。
2. 红卤汁烧开后，将猪五花肉放入，煮沸后转小火，保持沸腾状态约15分钟，关火。
3. 将黄豆干放入煮沸的卤汁中，泡20分钟后全部捞出，并切片备用。
4. 将黄豆干片、猪五花肉块和其余调料拌匀，撒上葱花，盛盘即可。

美味秘诀

要判断卤肉是否煮熟，可以拿筷子插试。因为每块猪肉肉质略有差异，烹煮时间也会有些微不同，可依个人口感略做调整。

麻辣葱丝猪耳

材料

猪耳1只（约400克），卤好的素鸡2块，葱30克

调料

红卤汁1大锅，辣油1大匙，辣椒粉1茶匙，糖1/2茶匙，香油2茶匙

做法

1. 猪耳拔毛洗净后，放入沸水中汆烫5分钟，捞起洗净、沥干。
2. 红卤汁煮沸，放入猪耳，以小火煮5分钟关火，泡20分钟捞出。
3. 将卤好的猪耳切丝；卤好的素鸡切片；葱洗净切丝，备用。
4. 将猪耳丝、素鸡片、葱丝加入3大匙红卤汁及其余调料拌匀，盛盘即可。

麻辣耳片

材料

猪耳1只（约400克），卤好的百叶豆腐1块，小黄瓜1根，蒜末1/2茶匙，红椒片1茶匙

调料

红卤汁1大锅，油辣椒1大匙，香油2茶匙，糖1/2茶匙

做法

1. 猪耳拔毛洗净后，放入沸水中汆烫5分钟，沥干备用。
2. 红卤汁煮沸，放入猪耳，以小火煮5分钟关火，泡20分钟后捞出。
3. 将卤好的猪耳切成薄片状；卤好的百叶豆腐切片，备用。
4. 小黄瓜洗净切片，备用。
5. 将猪耳片、百叶豆腐片、小黄瓜片、蒜末、红椒片、3大匙红卤汁和其余调料拌匀，盛盘即可。

五香大肠

材料

处理好的猪大肠2条（约500克），葱花少许

调料

红卤汁1000毫升，香油少许

做法

1. 将红卤汁煮开，加入处理好的猪大肠，以小火煮沸约10分钟后关火，浸泡40分钟，捞出沥干。
2. 将卤好的猪大肠切小段，加入香油拌匀，再撒上葱花，盛盘即可。

姜丝卤大肠头

材料

处理好的大肠头2条（约500克），姜丝适量

调料

红卤汁1000毫升，香油少许

做法

1. 将红卤汁煮开，放入处理好的大肠头，再以小火煮沸约30分钟后，关火浸泡30分钟，再取出沥干。
2. 将卤好的大肠头切片，撒上姜丝、淋上香油，盛盘即可。

十三香卤猪舌

材料

处理好的猪舌　1条（约400克）
黄豆干　2块
葱花　少许

调料

红卤汁　1大锅
香油　少许
十三香粉　1/4茶匙

做法

1. 红卤汁煮沸后，放入处理好的猪舌，转小火让卤汁保持在微微沸腾状态，约30分钟后关火。
2. 放入黄豆干，浸泡20分钟后全部捞出。
3. 将卤好的猪舌和黄豆干切片，加入其余调料拌匀，再撒上葱花，盛盘即可。

美味秘诀

何谓十三香粉

十三香粉，顾名思义就是由十三种香料所混合而成，主要香料有：白豆蔻、砂仁、肉豆蔻、肉桂、丁香、花椒、八角、小茴香、甘草、白芷、沙姜、良姜、干姜等。将这些香料以粉碎机磨成粉，混合均匀就是“十三香粉”了。

葱花拌卤猪尾

材料

猪尾 5条
豆干丁 80克
葱花 适量

调料

香油 1大匙
红卤汁 2000毫升

做法

1. 将猪尾用火烧至表皮微焦去毛，泡至冷水中，用铁刷刷去焦黑处，洗净备用。
2. 烧一锅水，将洗净的猪尾入锅，用开水汆烫3分钟后，放入凉水中冲凉洗净。
3. 将红卤汁煮开，放入猪尾，再以微火煮沸约50分钟，放入豆干丁稍煮，关火浸泡30分钟后捞出猪尾和豆干丁。
4. 将猪尾切段，加入豆干丁、葱花和香油拌匀，盛盘即可。

麻辣猪肚

材料

处理好的猪肚	1个（约600克）
酸菜丝	150克
油	1大匙

调料

红卤汁	1大锅
辣椒油	1大匙
糖	1茶匙
香油	1大匙

做法

1. 酸菜丝洗净；锅中放1大匙油烧热，以小火将酸菜丝炒2分钟，盛出备用。
2. 红卤汁煮开，放入处理好的猪肚，以小火煮10分钟，关火浸泡20分钟捞出。
3. 将卤好的猪肚切条，加入酸菜丝和其余调料拌匀，盛盘即可。

美味秘诀

如何挑选猪肚

购买猪肚时，先看其表面色泽是否正常，再看胃壁和底部是否有血块或发黑的坏组织，最后闻闻是否有臭味。若有上述任何一种状况，则不宜购买。

卤鸡爪

材料

鸡爪1200克，葱丝、红辣椒丝各少许

调料

红卤汁1大锅，香油适量

做法

1. 鸡爪洗净后，剪去指甲，煮开一锅水，放入鸡爪汆烫1分钟，捞出冲凉、沥干。
2. 红卤汁煮开，放入鸡爪，转小火让卤汁保持在沸腾状态，约3分钟后关火，浸泡20分钟，捞起鸡爪，淋上香油盛盘，放上葱丝和红辣椒丝装饰即可。

蜜汁卤鸡翅

材料

鸡翅8只（约450克），热水50毫升

调料

红卤汁1大锅，麦芽糖100克，香油少许

做法

1. 鸡翅洗净，煮一锅开水，放入鸡翅汆烫1分钟后，冲凉沥干。
2. 麦芽糖加热水稀释，备用。
3. 红卤汁煮开，放入鸡翅，转小火让卤汁保持在沸腾状态，约5分钟后关火，浸泡20分钟后捞出盛盘。
4. 刷上稀释后的麦芽糖放凉，再淋上香油即可。

红油卤汁鸭翅

材料

鸭翅	10只（约300克）
葱丝	适量
红辣椒丝	适量

调料

红卤汁	2000毫升
辣油	少许
香油	1大匙

做法

1. 鸭翅洗净，煮开一锅水，放入鸭翅汆烫1分钟后，冲凉沥干。
2. 红卤汁煮开，放入鸭翅，转小火让卤汁保持在沸腾状态，约30分钟后关火，浸泡20分钟后捞起。
3. 将卤好的鸭翅去骨。
4. 将去骨的鸭翅加入葱丝、红辣椒丝及其余调料拌匀，再盛盘即可。

美味秘诀

鸭翅去骨步骤

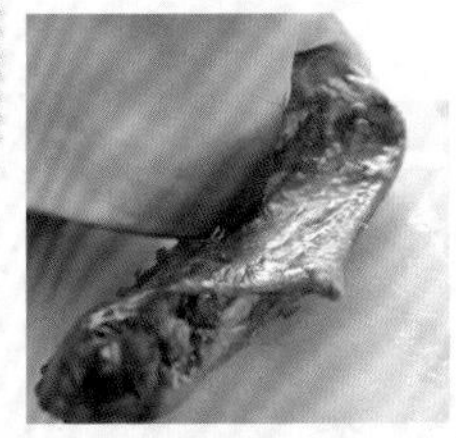

1. 在鸭翅的两块小骨中间划一刀。

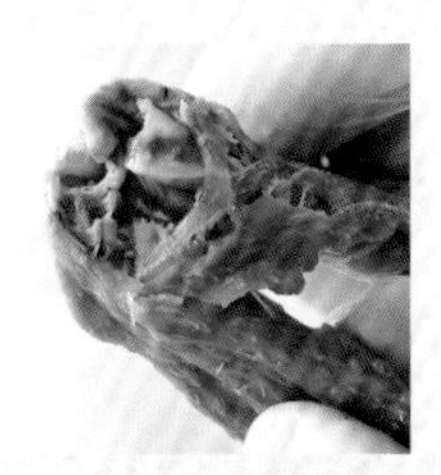

2. 再将鸭翅的两节关节反折，折断中间的关节。

3. 将肉跟骨头分开。

4. 这就完成鸭翅去骨的工作了。

蒜油鸡胗

材料

鸡胗	250克
豆干丁	80克
大蒜	5瓣
红椒末	1/2茶匙
香菜碎	1大匙

调料

白卤汁	1小锅
盐	1/2茶匙
糖	1/2茶匙
胡椒粉	1/2茶匙
香油	2大匙

做法

1. 将大蒜压成蒜泥。
2. 鸡胗洗净、汆烫；白卤汁煮开，放入鸡胗，以小火煮10分钟，再加入豆干丁稍煮，熄火浸泡10分钟后捞出；再将卤好的鸡胗切片。
3. 蒜泥置碗底，烧热油冲入碗内拌匀。
4. 将鸡胗片和豆干丁一同放入蒜泥碗中，依序加入盐、糖、香油。
5. 再加入香菜碎、红椒末、胡椒粉。
6. 最后一同拌匀，盛盘即可。

辣油拌素鸡

材料

素鸡5块，红辣椒末1/2茶匙

调料

红卤汁1小锅，辣油1茶匙

做法

1. 素鸡汆烫，沥干备用。
2. 红卤汁煮沸后熄火，放入素鸡泡40分钟捞出。
3. 将卤好的素鸡切圆片，加入红辣椒末、辣油拌匀，盛盘即可。

卤小豆干

材料

黄豆干10块，葱花1茶匙

调料

红卤汁1小锅，香油1大匙

做法

1. 黄豆干洗净后，放入沸水中汆烫至水再次沸腾即捞出。
2. 红卤汁煮沸后关火，放入黄豆干泡1小时后捞出。
3. 卤好的黄豆干切片，加入葱花、1大匙红卤汁及香油拌匀，盛盘即可。

葱油卤汁鸭头

材料

鸭头	2只
葱丝	适量
红椒丝	适量
色拉油	适量

调料

白卤汁	1000毫升
香油	少许

做法

1. 鸭头用沸水汆烫3分钟，冲洗干净，备用。
2. 白卤汁烧开后，放入鸭头，转小火让卤汁保持在沸腾状态，约30分钟后关火，浸泡30分钟后取出。
3. 将卤好的鸭头剁成小块，盛盘。
4. 取锅烧热，加入色拉油烧热，备用。
5. 在盛有鸭头的盘上撒上葱丝和红椒丝，并淋上热油，最后刷上香油即可。

卤海带拌豆干

材料

薄海带片　10片
黑豆干　2块
葱花　1茶匙
红辣椒末　1/2茶匙
蒜末　1/2茶匙

调料

红卤汁　1小锅
香油　1茶匙

做法

1. 海带、黑豆干加入沸水中汆烫。
2. 红卤汁煮沸后，放入海带、黑豆干浸泡30分钟捞出。
3. 黑豆干切小块；海带切段。
4. 将卤好的黑豆干块、海带段加入葱花、红辣椒末、蒜末、2茶匙红卤汁及香油拌匀，盛盘即可。

猪肘子拌黄瓜

材料

猪肘子　1个（约750克）
小黄瓜　1根
红辣椒丝　适量

调料

红卤汁　1大锅
香油　少许

做法

1. 红卤汁煮沸，放入猪肘子，煮开后转小火保持略微沸腾状态，盖上锅盖，约50分钟后关火，闷30分钟，捞出切片，备用。
2. 将小黄瓜洗净、切片，备用。
3. 将猪肘子片、小黄瓜片加入香油和辣椒丝拌匀，盛盘即可。

美味秘诀

猪肘子是猪脚中肉最多的地方，卤出来的猪肘鲜嫩多汁。猪肘子外皮筋道、肉质软嫩的双重口感，用来做红烧肉也很适合。

卤油豆腐

材料

油豆腐250克，葱花1大匙

调料

红卤汁1小锅，香油2茶匙，糖1/2茶匙

做法

1. 油豆腐汆烫后，沥干水。
2. 红卤汁煮开后关火，放入油豆腐泡20分钟捞出。
3. 将卤好的油豆腐切小块，加入葱花、3大匙红卤汁及其余调料拌匀，盛盘即可。

美味秘诀

油豆腐是用传统的老豆腐下油锅炸制而成，经过油炸后不易变形与破碎，有四方形、三角形等不同形状。

葱拌卤花干

材料

花干150克，葱花1茶匙

调料

红卤汁1小锅，香油1茶匙，
糖、胡椒粉各1/2茶匙

做法

1. 花干汆烫后捞出。
2. 红卤汁煮沸后关火，放入花干泡10分钟捞出。
3. 将卤好的花干切小块，加入葱花、其余调料拌匀，盛盘即可。

美味秘诀

花干是用优质薄豆腐做成的豆制品，原本就已油炸至酥脆，放入煮沸的红卤汁中，就更容易入味了。但不可浸泡过久，否则花干因吸收太多卤汁而变得软烂，口感会大打折扣。

豆干丁花生

材料

带膜生花生 150克
豆干丁 80克
葱花 1茶匙

调料

白卤汁 1小锅
香油 1大匙

做法

1. 生花生泡水一夜；豆干丁氽烫、沥干，备用。
2. 将泡过的花生放入沸水中，以小火煮40分钟至熟透。
3. 白卤汁煮沸，放入豆干丁及煮熟的花生再次烧开，关火泡30分钟捞出。
4. 将卤好的花生、豆干丁、2茶匙白卤汁与香油拌匀，最后撒上葱花即可。

美味秘诀

花生先煮熟后卤，不仅较容易入味，也可减少卤制时间。

川味拌水煮花生

材料

带膜生花生 150克
小黄瓜 1根
红辣椒末 适量

调料

白卤汁 1小锅
油辣椒 1茶匙
镇江香醋 1茶匙
糖 1/2茶匙

做法

1. 生花生泡水一夜。
2. 将泡过的花生放入沸水中，以小火煮40分钟至熟透。
3. 白卤汁煮沸，放入煮熟的花生再次烧开，关火，泡30分钟捞出盛盘。
4. 小黄瓜洗净、切丁，放入盘中。
5. 盘中再加入红辣椒末、1茶匙白卤汁与其余调料一同拌匀即可。

白卤生肠

材料

处理好的生肠1条（约250克），香菜少许

调料

白卤汁1000毫升，香油适量，料酒30毫升

做法

1. 将白卤汁、料酒倒入锅中煮沸。
2. 加入处理好的生肠，以小火煮约20分钟后，关火浸泡20分钟。
3. 取出卤熟的生肠放于盘上，刷上香油、撒上香菜即可。

白卤毛豆

材料

带壳生毛豆300克

调料

白卤汁1小锅，香油1大匙，胡椒粉1/2茶匙

做法

1. 毛豆洗净，放入已煮沸的白卤汁中，以小火煮10分钟。
2. 捞出毛豆盛盘，加入1大匙白卤汁与其余调料拌匀即可。

美味秘诀

购买毛豆时，尽量选择枝丫完整的毛豆，保留部分枝丫的毛豆在烹饪时不会流失糖分。将带壳毛豆用清水快速清洗，并用粗盐搓洗，以去除细毛、增加口感。

PART 6

大锅卤菜最美味

“吃得饱、吃得满足、吃得再多也不腻”的大锅卤菜非常受欢迎。大锅卤菜扑鼻而来的香味，让人瞬间回忆起妈妈煮菜的背影，让您饱足感十足。

什锦大锅煮

材料

小排骨	400克
大白菜	800克
豆皮	60克
西红柿	240克
姜末	30克
水	800毫升
油	少许

调料

辣味肉酱罐头	1罐（约180克）
盐	1小匙
白糖	1大匙
米酒	2大匙

做法

❶ 小排骨剁小块，放入沸水中氽烫至变色，捞出洗净，备用。

❷ 大白菜切大块，洗净后沥干；西红柿洗净去蒂后切小块；豆皮泡水至软后冲洗干净，备用。

❸ 取锅，烧热后倒入少许油，先放入姜末以小火爆香，再放入小排骨块和米酒，以中火炒约1分钟，然后盛入一汤锅中。

❹ 向汤锅中加入适量水、大白菜块、西红柿块、豆皮、辣味肉酱及盐、白糖，以大火煮开，改小火加盖继续炖煮约40分钟，至小排骨软烂且汤汁略收干即可。

美味秘诀

把罐头肉酱当成调料使用，可以让菜的味道更丰富，罐头肉酱可依自己的喜好来挑选。在炖煮之后容易软烂，如果想吃到西红柿块，可以预留一些最后再加入。

卤白菜

材料

大白菜	900克
胡萝卜	30克
黑木耳	30克
虾皮	15克
豆皮	50克
香菇	2朵
大蒜	6瓣
葱段	15克
水	500毫升
油	适量

调料

盐	1小匙
糖	1/4小匙
鸡精	1/4小匙
胡椒粉	少许

做法

❶ 大白菜洗净切大片；胡萝卜、黑木耳均切小片；虾皮洗净沥干；豆皮加入热水中泡软、切小片；香菇泡软切丝，备用。

❷ 将大白菜片放入沸水中略汆烫捞出。

❸ 另取一锅，烧热后倒入适量油，放入大蒜爆香，再放入虾皮、香菇丝与葱段炒香后，放入烫过的大白菜片，续加入胡萝卜片、黑木耳片与豆皮片，倒入500毫升水共煮，煮沸后再以小火继续炖煮。

❹ 待大白菜煮软，加入所有调料，再煮沸一次即可。

圆白菜炖肉

材料

圆白菜	900克
猪五花肉	400克
大蒜	30克
干辣椒	10克
水	600毫升
油	2大匙

调料

酱油	3大匙
盐	1/4匙
糖	1小匙
米酒	2大匙

做法

❶ 将圆白菜洗净、切大块；猪五花肉洗净、切块，备用。

❷ 热锅，加入2大匙油，加入大蒜及干辣椒爆香，加入猪五花肉块炒至变色，再加入所有调料及适量水，煮沸后盖上锅盖，以小火炖30分钟。

❸ 将圆白菜以沸水汆烫至微软，捞出后放入锅中炖30分钟，再焖10分钟至猪五花肉软烂即可。

圆白菜买回来后最外层的叶片不要摘除，可以多存放几天。如果已经切开的圆白菜没用完，用保鲜膜包好保存，可防止水分散失。

笋干焢肉

材料

猪五花肉	400克
笋干	150克
油豆腐	10块
姜	30克
红辣椒	2个
水	1000毫升
色拉油	2大匙

调料

米酒	50毫升
白糖	1大匙
酱油	4大匙

做法

❶ 笋干泡水约30分钟，放入沸水中汆烫约5分钟后，捞出以冷水洗净，沥干后切段；油豆腐洗净沥干，备用。

❷ 姜、红辣椒洗净、拍破，备用。

❸ 猪五花肉洗净、切块，放入沸水中汆烫约2分钟，捞出洗净，备用。

❹ 取锅，烧热后倒入2大匙色拉油，用小火爆香姜和红辣椒，再加入猪五花肉块，翻炒至表面微焦且有香味，即可熄火。

❺ 再全部移入一汤锅中，加入1000毫升水，依序加入笋干段、油豆腐、米酒、酱油、白糖，以大火煮开，改小火继续炖煮约40分钟，至五花肉熟软且汤汁略收干即可。

要让笋干吃起来味道鲜美甘甜，事前处理很重要。先将笋干充分泡水，再稍微汆烫，可以将笋干上过多的酸味和咸味去掉，同时还能去除加工时的添加物。汆烫的时间要掌握好，避免烫过久破坏好味道。

梅干菜扣肉

材料

猪五花肉	500克
梅干菜	250克
香菜叶	少许
蒜碎	5克
姜末	5克
辣椒碎	5克
色拉油	4大匙

调料

鸡精	1/2小匙
白糖	1小匙
米酒	2大匙
酱油	2大匙

做法

❶ 梅干菜用水泡约5分钟，洗净切小段，备用；热锅，加入2大匙色拉油，爆香蒜碎、姜末、辣椒碎，再放入梅干菜段翻炒，并加入鸡精、白糖、米酒翻炒均匀，备用。

❷ 猪五花肉洗净，放入沸水中汆烫约20分钟，取出待凉后切片，再与酱油拌匀。

❸ 将拌有酱油的猪五花肉腌约5分钟，备用。

❹ 热锅，加入2大匙色拉油，将腌好的猪五花肉片炒香；取一扣碗，铺上保鲜膜，排入炒好的猪五花肉片。

❺ 上面再放上炒熟的梅干菜，并压紧。最后放入蒸笼中，蒸约2小时，取出倒扣于盘中，加入少许香菜即可。

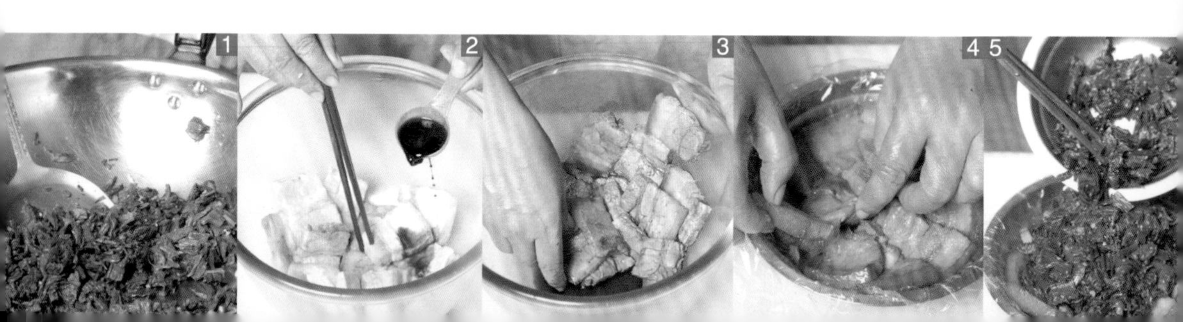

酱烧排骨

材料

竹笋	150克
排骨	300克
蒜末	20克
姜末	10克
葱段	30克
水	200毫升
油	约1大匙

调料

辣豆瓣酱	3大匙
米酒	50毫升
白糖	1大匙

做法

1. 竹笋切厚片；排骨剁小块，放入沸水中汆烫约1分钟，洗净沥干，备用。
2. 热锅，加入1大匙油，放入蒜末、姜末及葱段，用小火爆香后，再放入排骨及米酒，以大火炒香。
3. 再向锅中加入辣豆瓣酱炒香，加入其余调料及竹笋片，盖上锅盖，煮沸后，以小火继续炖煮约30分钟至排骨熟软、汤汁收干即可。

用酱干烧的排骨，最好选择有肥肉分布的腩排，不要选择毫无油脂的部分，否则烧煮后的口感较干涩。

桂竹笋卤肉

材料

桂竹笋　500克
猪五花肉　500克
色拉油　少许

调料

葱姜卤汁　1锅

做法

❶ 桂竹笋切小块后洗净，放入沸水中汆烫约2分钟，捞出用冷水洗净，沥干水备用。
❷ 猪五花肉洗净，沥干水后，切小块备用。
❸ 热锅，倒入色拉油，以小火翻炒猪五花肉块，炒至猪五花肉块表面变白后，加入桂竹笋块和葱姜卤汁，转大火烧开，再转小火卤约50分钟即可。

葱姜卤汁

材料

洋葱80克，姜20克，水1000毫升

调料

盐1大匙，白糖3大匙

做法

1. 洋葱、姜洗净，均沥干水后切碎。
2. 热锅，倒入色拉油，以小火爆香洋葱碎和姜碎，再加入所有调料及适量水，转大火烧开即可。

干烧排骨

材料

排骨　500克
洋葱　100克
姜　10克
蒜末　15克
红葱末　10克
水　200毫升
色拉油　2大匙

调料

甜辣酱　4大匙
米酒　1大匙
白糖　2大匙

做法

❶ 排骨剁小块；洋葱切丝；姜切末，备用。
❷ 热锅，加入2大匙色拉油，放入洋葱丝、姜末、蒜末及红葱末，用小火爆香。
❸ 再向锅中加入甜辣酱炒香，再放入排骨及其他调料炒匀。
❹ 盖上锅盖，用小火慢煮约20分钟，至排骨熟软后，打开锅盖，煮至汤汁收干即可。

美味秘诀

洋葱用量要多，因久煮后洋葱会释放出较多水分，自身会缩小干瘪，而且煮至收汁起锅时，洋葱要呈现微焦褐色，吃起来才会既香又入味。

五香卤土豆

材料

土豆　2个
葱　10克
胡萝卜　20克
水　500毫升

调料

五香粉　1大匙
酱油　1大匙
鸡精　1小匙
盐　少许
白胡椒粉　少许

做法

❶ 先将土豆洗净去皮，再切成大块状，备用。
❷ 把胡萝卜切成块状；葱切成段状，备用。
❸ 取一个汤锅，放入土豆块、胡萝卜块、葱段及所有调料。
❹ 再放入水，以中小火卤约20分钟即可。

美味秘诀

土豆可先略微汆烫，让其松软，会更易入味。将胡萝卜略微汆烫，也可去除其土味。

土豆炖肉

材料

排骨	300克
土豆	1个
胡萝卜	50克
甜豆荚	4根
老姜	30克
柴鱼高汤	400毫升

调料

味啉	3大匙
米酒	3大匙
白酱油	3.5大匙
糖	2大匙

做法

1. 排骨剁小块，放入沸水中汆烫，捞出洗净，备用。
2. 甜豆荚去蒂、斜刀对半切；老姜去皮、切片，备用。
3. 土豆、胡萝卜去皮，切滚刀块，再放入沸水中以小火煮软，再捞出过冷水，备用。
4. 取一锅，加入柴鱼高汤、所有调料与姜片，再放入排骨煮沸，转小火继续炖煮约20分钟后，加入煮软的土豆块、胡萝卜块及甜豆荚，煮约5分钟即可。

调料中柴鱼高汤的做法：水与一把柴鱼片一同煮沸，过滤后即为柴鱼高汤。比起用清水，使用柴鱼高汤制作出的味道会更香。

东坡肉

材料

带皮猪五花肉	500克
葱段	30克
姜片	20克
草绳	适量
水	400毫升

调料

酱油	200毫升
黄酒	200毫升
白糖	2大匙

做法

❶ 将草绳用热水泡约20分钟至软化，备用（也可用棉绳取代）。

❷ 带皮猪五花肉洗净，切成长宽各约4厘米的方块，依序用草绳以十字交叉的方式捆绑，备用。

❸ 烧开一锅水，放入绑好的带皮猪五花肉块，汆烫至肉色变白，捞出沥干后，放入另一锅中，再放入葱段、姜片和所有调料，盖上锅盖，以中火煮至卤汁沸腾，转小火炖煮约90分钟，关火闷约30分钟后，挑除葱段、姜片即可。

美味秘诀

东坡肉的来源众说纷纭，不过都和苏东坡有关。东坡肉外形大致是方块状，并且绑上草绳或绵绳放入卤汁中，以细火慢慢卤制。

卤五花肉块

材料

猪五花肉　900克
珠葱　50克
水　1000毫升
色拉油　适量

调料

酱油　210毫升
白糖　1.5大匙
米酒　240毫升
五香粉　1/4小匙
胡椒粉　少许

做法

1. 猪五花肉洗净切块，加入30毫升酱油腌制，备用。
2. 珠葱去头，洗净切段，备用。
3. 热锅，倒入适量色拉油，爆香珠葱段，再放入猪五花肉块炒香，续加入180毫升酱油、白糖、米酒炒至入味。
4. 再全部移入一砂锅中，并加入1000毫升水（注意水量须盖过肉，不够可以再略加水）、五香粉、胡椒粉，烧开后，盖上锅盖，转小火焖煮约1小时即可。

黄豆烧肉

材料

猪五花肉　600克
黄豆　100克
葱花　适量
水　1000毫升
油　2大匙

调料

盐　少许
冰糖　少许
酱油　60毫升
米酒　2大匙

做法

❶ 猪五花肉洗净切块；黄豆洗净泡发，备用。
❷ 热锅，加入2大匙油，放入猪五花肉块炒至微焦，再加入所有调料炒匀。
❸ 加入黄豆、1000毫升水烧开，转小火煮约40分钟，撒入葱花即可。

美味秘诀

黄豆不容易煮软，需要花较长时间炖，若想要节省时间，可以前一晚先用清水浸泡，这样黄豆就会吸足水分，再下锅煮就不必花费太长时间，口感也较软绵。

酱汁猪蹄

材料

猪蹄	650克
大蒜	8瓣
葱段	20克
姜片	30克
红辣椒	2个
色拉油	1大匙

调料

酱卤汁	适量

做法

❶ 猪蹄洗净，放入沸水中汆烫，捞起备用。

❷ 热锅，加入1大匙色拉油，放入大蒜、葱段、红辣椒、姜片炒香。

❸ 再放入酱卤汁煮沸，然后加入汆烫后的猪蹄，改小火，盖上盖子，焖卤40分钟即可。

酱卤汁

材料

鸡高汤1200毫升

卤包

花椒、甘草、丁香各3克，八角2粒，小茴香2克

调料

酱油、蚝油各2大匙，冰糖1大匙，米酒1大匙

做法

将鸡高汤放入锅中煮沸，再加入所有调料、卤包材料煮至沸腾即可。

卤猪蹄

材料

猪蹄	900克
葱	40克
姜片	50克
大蒜	6瓣
水	1500毫升
白糖	适量
油	适量

调料

八角	4粒
酱油	5大匙
盐	1/2小匙
白糖	1大匙
米酒	50毫升

做法

1. 取锅，放入材料中的白糖，加入等量的水，以中小火炒至糖融化起泡，即为糖色。
2. 热锅，加入适量油，放入葱、姜片、八角、大蒜爆炒。
3. 再放入洗净后的猪蹄块翻炒（猪蹄块洗净，剁成块状，放入沸水中烫约2分钟，去血水后捞起，入油锅中翻炒至金黄）。
4. 再放入剩余调料，以中火翻炒上色，续放入1500毫升水煮沸。
5. 最后加入糖色，开小火焖约50分钟即可。

美味秘诀

卤猪蹄前，若只将猪蹄汆烫但没有炒过，猪蹄吃起来会油腻且不筋道。

豆瓣卤牛肉

材料

牛肋条	500克
红葱头	20克
姜	30克
水	1000毫升

调料

八角	5克
豆瓣酱	2大匙
白糖	2大匙
盐	1/6茶匙
色拉油	1大匙

做法

1. 牛肋条洗净、切小块、汆烫；红葱头去皮、切碎；姜切碎，备用。
2. 热锅，倒入1大匙色拉油，用小火爆香红葱头碎和姜碎，加入豆瓣酱略炒香后，加入牛肋条块、八角以及其余调料，烧开后转小火炖煮约1.5小时，至牛肋条块熟透软化、汤汁略收干即可。

美味秘诀

牛肋条亦称牛条肉，筋的部分较多，适合以清炖、红烧等长时间的炖煮方式烹饪，这样肉质才会软烂。烹调前先汆烫，可以去除过多的脂肪，避免吃起来太过油腻。

萝卜炖牛肉

材料

牛肋条	500克
白萝卜	600克
胡萝卜	200克
西芹	100克
红葱头	20克
姜	30克
水	1000毫升
色拉油	2大匙

调料

八角	2粒
豆瓣酱	3大匙
盐	1/6小匙
白糖	2大匙

做法

❶ 牛肋条洗净切小块，放入沸水中快速汆烫至变色，捞出沥干，备用。

❷ 红葱头及姜均去皮、切碎，备用。

❸ 将白萝卜及胡萝卜洗净、去皮、切小块；西芹洗净，撕除老筋后切小块，备用。

❹ 取锅，烧热后倒入2大匙色拉油，用小火爆香红葱头碎及姜碎，加入豆瓣酱翻炒至香味散发，再加入牛肋条块翻炒约1分钟。

❺ 再全部移入一汤锅中，并加入1000毫升水，再加入白萝卜块、胡萝卜块、西芹块和八角、盐、白糖，以大火煮开后，改小火继续炖煮约90分钟，至牛肋条块熟软，且汤汁略收干即可。

美味秘诀

搭配豆瓣酱炖牛肋条，不但能增添香气，还能增加汤汁的浓稠感，使口感更为浓郁。添加的方式是和红葱头、姜一起先爆香，充分炒出豆瓣酱的香味后再加入牛肉一起翻炒，如果不先炒香就直接加入汤汁中炖，味道会没那么香辣浓郁。

红烧狮子头

材料

猪瘦肉	420克
猪肥肉	180克
荸荠	100克
鸡蛋	1个
姜末	15克
葱末	20克
大白菜	400克
水	1100毫升
色拉油	100毫升

调料

盐	6克
鸡精	8克
白糖	25克
酱油	180毫升
米酒	15毫升
白胡椒粉	1茶匙
香油	1大匙

做法

❶ 荸荠拍碎切粒；大白菜洗净切块；猪瘦肉剁肉末；猪肥肉切末；鸡蛋打碎，搅拌均匀，备用。

❷ 将猪瘦肉末放入钢盆中，加入盐搅拌后，以摔打、按的方式反复揉，直至肉有黏性，再加入鸡精、10克白糖及鸡蛋液拌匀，然后将100毫升的水分两次加入，边加边搅拌至水被肉吸收。

❸ 再加入荸荠、姜末、葱末、猪肥肉末和20毫升酱油、米酒、白胡椒粉、香油，拌匀后分成数等份，用手掌拍成圆球状，即成狮子头。

❹ 取锅，倒入100毫升色拉油，加热至约100℃，将做好的狮子头下锅，以中火煎至表面成形且略焦黄即可。

❺ 取一砂锅，另取葱、姜拍破，放入锅中垫底，再依序放入煎好的狮子头、1000毫升水、160毫升酱油、15克白糖，待烧沸后，转小火煮约30分钟，再加入洗净的大白菜，煮约15分钟至大白菜软烂即可。

柱侯牛腩煲

材料

煮熟牛腩块	600克
白萝卜	300克
老姜	20克
大蒜	5瓣
红辣椒	1个
牛骨高汤	1000毫升
水	2大匙
色拉油	少许

调料

柱侯酱	2大匙
米酒	1大匙
料酒	1大匙
淀粉	1大匙
蚝油	1小匙
酱油	1小匙
糖	1小匙
盐	1/2小匙

做法

❶ 白萝卜切滚刀块；老姜、大蒜、红辣椒均切片；淀粉和适量水调匀成水淀粉，备用。

❷ 起锅，倒入少许色拉油，待油热后放入姜片、红辣椒片爆香，等姜片呈焦黄色后，再放入蒜片、柱侯酱、米酒爆香。

❸ 放入煮熟牛腩块及白萝卜块翻炒均匀，再倒入牛骨高汤、剩余调料，待牛骨高汤煮沸后，全部移入砂锅内。

❹ 将砂锅移至煤气灶上，盖紧锅盖，以小火煮约30分钟。

❺ 煮至汤汁呈浓稠状后，淋上水淀粉勾芡即可。

麻辣牛杂锅

材料

牛筋	500克
牛肚	400克
豆干	10块
姜末	40克
蒜末	40克
水	1000毫升
香菜叶	少许
色拉油	2大匙

调料

花椒	5克
辣椒酱	4大匙
白糖	2大匙
米酒	50毫升

做法

❶ 牛筋及牛肚放入沸水中，以中火烫煮约1小时，捞出、洗净、冲凉、切小块，备用。

❷ 豆干洗净、切方块，备用。

❸ 取锅，烧热后倒入2大匙色拉油，放入姜末、蒜末及辣椒酱，以小火炒约1分钟，至香味散发出，再加入牛筋块、牛肚块及米酒续炒约1分钟。

❹ 再全部盛入汤锅中，加入豆干块、1000毫升水、白糖及花椒，以大火煮开，改微火加盖继续炖煮约1.5小时，熄火继续闷约1小时，最后撒上香菜叶即可。

美味秘诀

牛筋和牛肚不容易煮熟，如果一锅煮到底，虽然比较省事，但口感却差一点，尤其是牛筋的表面会过软、没有筋道的口感。因此，应该将它们先烫煮一段时间，经过冲凉之后再与其他材料一起炖煮至入味，这样才能熟透不烂又入味。

蔬菜炖牛肉

材料

小圆白菜	200克
西红柿	240克
洋葱	120克
煮熟的牛腱块	300克
牛高汤	1000毫升
奶油	30克
面粉	30克
蒜片	10克

调料

番茄酱	2大匙
鸡精	1茶匙

做法

1. 小圆白菜洗净切块；西红柿洗净切块；洋葱切片。
2. 起一锅，放入奶油加热至融化后，放入蒜片炒香，再放入面粉炒匀。
3. 继续放入煮熟的牛腱块、牛高汤一起拌匀后，放入番茄酱，待汤汁沸腾，转小火继续炖煮约30分钟。
4. 放入小圆白菜、西红柿块、洋葱片，继续炖煮约15分钟，最后放入鸡精拌匀调味即可。

牛肉豆腐煲

材料

牛肉	120克
老豆腐	200克
红葱头	20克
姜	30克
青蒜	40克
水	200毫升
蛋清	1大匙
油	约2大匙

调料

淀粉	1茶匙
酱油	1茶匙
嫩肉粉	1/4茶匙
辣豆瓣酱	2大匙
白糖	1大匙
米酒	2大匙
水淀粉	2茶匙
香油	1茶匙

做法

1. 牛肉切块状，加入蛋清、淀粉、酱油、嫩肉粉抓匀，腌制5分钟。
2. 老豆腐切小块；红葱头及姜切末；青蒜切片，备用。
3. 热油锅至180℃，放入老豆腐块炸至外观呈金黄色，捞出沥油。
4. 另取锅烧热，倒入约2大匙油，放入牛肉块，以大火快炒约30秒钟至表面变白，捞出备用。
5. 锅中留少许油，放入红葱头末、姜末及辣豆瓣酱，用小火爆香。
6. 续加入适量水、白糖、米酒及炸好的老豆腐块，烧开后，再煮约30秒钟，加入牛肉块及青蒜片炒匀，再用水淀粉勾芡，最后淋上香油即可。

鱼香肉臊

材料

猪肉馅　300克
荸荠　60克
黑木耳　30克
葱　50克
姜　50克
水　1200毫升
油　适量

调料

糖　3大匙
鸡精　1大匙
米酒　2大匙
酱油　2大匙
香油　2大匙
辣油　2大匙
辣豆瓣酱　2大匙

做法

1. 除猪肉馅、油以外，将所有材料剁碎，备用。
2. 热锅，倒入适量油，放入所有剁碎后的材料炒香，再加入猪肉馅炒至变色。
3. 最后加入所有调料煮约20分钟即可。

若以猪皮搭配肉馅制作肉臊，猪皮的分量也要以最佳比例加入，即肉与皮的比例为6:4，肉指的是肉馅（肥肉加上瘦肉）的分量，这个比例的肉臊胶质含量刚刚好。猪皮一定要充分熬煮至软透才行，可避免肉臊油腻。可依据个人喜好，适当调整猪肉的肥瘦比例。

五香肉臊

材料

猪肉馅　400克
猪皮　240克
红葱酥　100克
水　1800毫升
沸水　2000毫升
色拉油　约100毫升

调料

酱油　250毫升
五香粉　1/2小匙
白糖　3大匙

做法

1. 猪皮表面用刀刮干净后，清洗干净，备用。
2. 将洗净的猪皮放入约2000毫升的沸水中，以小火煮约40分钟至软后，取出冲凉，待猪皮完全冷却后，切成小丁，备用。
3. 锅中倒入约100毫升色拉油烧热，放入猪肉馅炒至散开。
4. 续将适量水及酱油加入锅中，拌均匀后再加入猪皮丁，接着依序将白糖、五香粉加入锅中。
5. 煮匀后，再撒入红葱酥略拌，以小火熬煮约30分钟至汤汁略显浓稠即可。

美味秘诀

制作肉臊所用肉馅的最佳肥瘦比例是6:4（瘦肉:肥肉)，足够的油脂才能使肉臊具有浓郁的香味。若肥肉超过四成，则会使肉臊口感变得油腻；而低于四成，口感又会较干涩。

茄汁卤鸡块

材料

鸡胸肉	500克
黄甜椒	1/2个
洋葱	1/4颗
大蒜	3瓣
西红柿	120克
油	2大匙

卤汁

番茄酱	200克
黑胡椒酱	20克
白糖	20克
白醋	20克
盐	5克
鸡高汤	150毫升

腌料

姜片	3片
葱末	10克
酱油	30毫升
白糖	20克
白胡椒粉	3克
米酒	20毫升
面粉	50克

做法

1. 鸡胸肉洗净切块；黄甜椒和洋葱洗净切块；大蒜切片；西红柿切丁。
2. 将鸡胸肉块和腌料混合拌匀后抓匀，腌制30分钟。
3. 取一油锅，将腌制好的鸡胸肉块放入，炸至外观金黄，捞起沥油，备用。
4. 另取锅，倒入2大匙油烧热，放入洋葱块和蒜片炒香，再加入西红柿丁炒匀。
5. 续将鸡胸肉块和所有卤汁材料加入锅中，翻炒均匀后，改小火卤至汤汁略收，再放入黄甜椒块炒熟即可。

芋头烧鸡

材料

鸡肉块	500克
芋头	350克
香菇	3朵
葱段	15克
水	600毫升
油	适量

调料

酱油	2大匙
鸡精	少许
冰糖	少许
盐	1/4小匙

做法

1. 芋头去皮切大块；香菇泡水至软后切片，备用。
2. 热锅，倒入稍多的油，待油温约160℃，放入芋头块炸约1分钟，取出沥油，备用。
3. 锅中留少许油，放入葱段、香菇片爆香后，再放入鸡肉块炒至颜色变白。
4. 放入炸好的芋头块及所有调料炒匀，最后加入适量水烧煮约15分钟即可。

芋头经过烧煮后，很容易糊烂，为了避免煮成芋泥的情况，芋头千万不要切太小块，并且在烧煮前先油炸一下，这样不但可以保持形状完整，油炸后的香味还会更浓郁。

酱烧鸡块

材料

去骨鸡腿	250克
洋葱片	100克
红辣椒片	15克
蒜末	10克
葱段	10克
油	1大匙

调料

酱油	2大匙
盐	少许
糖	少许

腌料

酱油	1小匙
糖	少许
胡椒粉	少许
米酒	1/2大匙

做法

1. 去骨鸡腿洗净、切块，加入所有腌料中一起拌匀，腌制约15分钟，再放入油锅中过油，捞出备用。
2. 热锅，加入1大匙油，爆香红辣椒片、蒜末、葱段，再放入洋葱片炒香，接着加入去骨鸡腿块及所有调料，翻炒均匀即可。

辣味腐乳炖鸡

材料

鸡翅	300克
洋葱块	30克
葱段	10克
上海青	30克
鸡高汤	500毫升

调料

豆腐乳	3大匙
糖	1/2大匙

做法

❶ 鸡翅切大块，放入沸水中汆烫去血水，再捞起冲水洗净；上海青洗净，备用。

❷ 取锅，炒香洋葱块和葱段，再全部移入一炖锅中，加入洗净的鸡翅、鸡高汤和所有调料，以小火炖煮约10分钟。

❸ 再将洗净的上海青放入炖锅内，盖上锅盖，焖约1分钟即可。

鸡高汤

材料

鸡骨2副（约300克），水4500毫升，洋葱1个（约200克），姜3片，胡萝卜1根（约200克）

做法

1. 鸡骨汆烫洗净，洋葱、胡萝卜均洗净切块。
2. 取汤锅，放入所有材料共煮。
3. 待汤锅中的水煮沸后，转微火继续炖煮1小时，过滤后即是鸡高汤。